コーヒー・カフェ文化と阪神間

大手前大学比較文化研究叢書19

コーヒー・カフェ文化と阪神間

海老良平 編

水声社

まえがき

おぼろげな思い出の中にあるその店は、スツールが六脚にテーブルが三卓ほどの小さなものだった。カウンターにはサイフォンがあり、奥には中年男性のマスターがいた。

子どものころから、その喫茶店の前をよく通っていた。けれど幼いころの私には、そこは大人のための場所で、自分が入ることなど考えられなかった。さて、背のびをしたい年ごろの十代後半に、私は一人で初めてその店の扉をひらいた。ファミレスでもファストフード店でもなく、同級生たちとはまず訪れることのない、コーヒーの薫りが濃く漂う空間だった。平静を装っていたものの、足が床を踏んでいる感触がしないほど緊張していた。メニューをよく読むのは場慣れしていないと白状するようで恥ずかしくて、ぱっと見て選んだのは一番上にあったブレンドコーヒー。マスターがロートでコーヒーを攪拌し、カップに注ぐのをチラチラとながめていた。白い陶器のカップの縁は多少の厚みがあって、そのまるみを帯びた感触と、コーヒーの熱さがくちびるの記憶になった。正直にいうと、味はよくおぼえていない。特徴がなかったのではなく、楽しむ余裕がなかったのだろう。ただ、普段とは違うカップと温度、それから一杯のコーヒーを飲み終えて店を出たときの冒険を終えたような達成感が胸に残った。

今回コーヒーについて考えているとき、ふとこのエピソードが頭をよぎった。そして自覚した。実年齢にかかわらず、私にとって専門店で出されるコーヒーは、どこか大人の飲物というイメージがあるようだ。それはきっと、この背のび体験に結びついているのだろう。コーヒーは、私の人生のあるステージで大人の薫りを教えてくれた飲物なのだ。

大手前大学交流文化研究所では、年に一度シンポジウムを開催している。二〇二二年度は、「珈琲で語り合う人・文化・地域の交流」をテーマに二〇二三年三月四日に実施した。テーマが示すとおり、このシンポジウムは「コーヒー」について文化や歴史、ビジネス、交流といったはば広い視点から語り合い、楽しむことが目的だった。この趣旨に賛同しお話をいただいた登壇者のみなさま、当日参加された方がた、および主催者だったり開催を支えたりした研究員、職員、当日の学生スタッフのすべてに、心からの感謝をおくりたい。

さて、大手前大学には複数のキャンパスがあるが、このシンポジウムではさくら夙川キャンパスが会場となった。明治期以降、商業都市としての大阪と国際都市としての神戸のあいだに、有力者たちによる住居や別荘が点在するようになった。この一帯は阪神間と呼ばれ、夙川もまた両都市の中間点に位置している。この地域特有の豊かな文化については、本研究所が文学や歴史の面から『阪神文化論　大手前大学比較文化研究叢書5』を発行している。そのなかで、ここには「一種独特の空気と文化があり、人々はこの地域の住人であることに強いアイデンティティ意識を抱いているようだ」と語られている。

さらに、明治後期から昭和初期にかけてを阪神間モダニズムという。この点について同書は、『なにわ』の老舗《しにせ》文化と『みなと神戸』のハイカラ文化の融合が、文学・美術・音楽・デザインなどに瀟洒な『阪神間モダニズム』を生み出した」とする。文化人や財界人、また古くからこの土地に住む人びとが、日本と西洋を融和させた独自の生活スタイルを阪神間につくりあげたのである。これは過去の話ではなく、その精神はいまも脈々と息づいている。それは、たとえば栄がいう「二〇〇〇年代に巻き起こったスペシャルティコーヒー時代と言われるTHIRD　WAVE」（本書一四九頁）に属する専門店が、この地に点在していることからもみてとれるだろう。

今回のシンポジウムは、地域を限定したものではない。だが、日本において比較的早い段階でコーヒー文化が花ひらいた阪神間に位置するさくら夙川キャンパスで、この魅力的な飲物について論じ合う場を設けることができたことは、本研究所にとって大きな喜びである。

世界中で親しまれているコーヒーについて、その歴史的な側面を抜きにして語ることはできないだろう。本シンポジウムでは小林宣之が「ヴェネツィア、ウィーン、パリ、ロンドンにおける珈琲と公共施設の変遷」で、コーヒーを飲むことが習慣化されたオリエント文化にふれている。そしてヨーロッパ世界を中心として、とくにフランスやロンドンなどの大都市におけるコーヒーを飲む施設について紹介した。さらに本書で呉谷充利は、カフェ文化に注目する（「カフェ――新たな社交空間」）。フランスに伝搬したコーヒーは、カフェという場を得て、たんなる飲料ではなく市民が知と芸術を共有する場のシンボルとなったのだ。また呉谷は、ヨーロッパのカフェ文化を日本にもたらそうとした人びとの軌跡と努力を詳しく描いてもいる。

ヨーロッパという広い地域ではなく、特定の国に着目しているのは、細江清司の「日本のコーヒー大衆化はブラジルコーヒーから始まった」だ。コーヒーを、日本とブラジル間の移民の変遷やコーヒー豆の輸出入といった面から語っているのである。なお、細江は日本でカフェが銀座を皮切りに相次いで開店していった（一九一一年頃）ことを述べているが、一九三五年に出版された『ブラジル珈琲の話――附「ブラジル珈琲料理百二十五種」』には、こんな文章が載っている。「ほんたうに上手に美味しいブラジル珈琲をお入れになる秘訣を心得て居らるるお方は、我國には至って少なう御座います」、「全國津々浦々に、ブラジル珈琲喫茶店が増加

〔しましたが〕……ほんとにこれは甘いと誰にでも思はせる、眞に美味しいブラジル珈琲を飲ませる店は、實に指折り數へる程しかございません」(〔 〕は筆者による)。もちろん一冊の小冊子から決めつけることはできないが、このころにはブラジルコーヒーというコンセプトがある程度普及していたこと、しかし味の面では家庭はもとより店舗でも満足するものではないととらえる向きがあったことがうかがえる。

さらに、栄秀文の「COFFEE WAVE」では、コーヒーの簡易な歴史を、親しみやすいトピックを交えて紹介している。加えて、コーヒーの飲用杯数や飲用形態を交えた解説は、現在コーヒーがどのように消費されているかについての理解を深めてくれる。そのなかで、コーヒーの消費形態は時代とともに変化すること、また現在は家庭内でコーヒーを楽しむ傾向にあることが述べられている。

別の側面からは、海老良平が「モニュメントで辿る神戸・阪神間の珈琲ツーリズムの可能性」のタイトルで、地域活性化の一手段としての「コーヒー」を提案している。これはまた、「神戸・阪神間の珈琲史をめぐる文化遺産」(本書一八〇頁)の探求ととらえることもできる。さらに白石斉聖は、嗜好品としてのコーヒーを科学的に考察する。「食品科学から見る珈琲」では、食品科学の分野における研究として、コーヒーの香りや味などの分析を行う。こういった科学的アプローチと、前述してきたいわば文化的アプローチは、コーヒー研究における両輪といえるだろう。両者がそれぞれの研究成果を参照することで、コーヒーという文化がさらに興隆することが期待される。

ここで、喜びとともに記したいことがある。冒頭でふれたように交流文化研究所は毎年シンポジウムを開催しているが、二〇二〇年度および二〇二一年度はCOVID-19のまん延のため、会場に直接足を運ぶのではなくオンラインのみで行われた。それがこの二〇二二年度は、人びとが実際に会場に集って顔を合わせて話し合うことができたのである。とはいえ、本来は豆からコーヒーを淹れて会場でふるまうことが計画されていたが、当時の状況ではまだリスクが高いと判断されこの企画は中止となった。しかしUCCジャパン株式会社さまのご厚意により、休憩時間を使って参加者全員に缶コーヒーを配ることができた。そのお心づかいに、この場を借りて厚く御礼を申し上げる。

最後に、日本コーヒー文化学会が発行する学会誌の第一号の冒頭から一文を引用しよう。「おいしいコーヒーが家族的・社会的な人間の和の支えとして存在しているとき、おそらくその文化を持つ国家は平和で安定しているとみなすことができるでしょう」。シンポジウムが開かれた二〇二三年三月時点で、COVID-19の脅威は完全に払しょくされたわけではなかった。また、その後に世界で起きている軍事侵攻や武力衝突、さらに日本での大地震発生など、わたしたちは多くの厳しい状況にさらされている。それでも、すべての人がコーヒーを手にして顔をほころばせ、くつろいで他者と交流する時間がもてる日がくることを願ってやまない。本シンポジウムとその成果をまとめた本書が、世の中に平和なコーヒー・タイムをもたらすためのあと押しになることを切望するしだいである。

大手前大学交流文化研究所所長
石毛弓

目次

まえがき　石毛弓　7
食品科学から見る珈琲……白石斉聖　17
カフェ——新たな社交空間……呉谷充利　37
日本のコーヒー大衆化はブラジルコーヒーから始まった……細江清司　79
COFFEE WAVE……栄秀文　131
モニュメントで辿る神戸・阪神間の珈琲ツーリズムの可能性……海老良平　163
【全体討議】珈琲で語り合う人・文化・地域の交流……199
あとがき　森元伸枝　215

食品科学から見る珈琲

白石斉聖

皆さんこんにちは。本日は「食品科学から見る珈琲」というタイトルでお話しさせていただきます。私の専門は食品学になります。そこで今回は食品学におけるコーヒーというテーマでお話しします。

食品学におきましてはコーヒーの位置付けは「嗜好品」になります。嗜好品とはヒトが必要な炭水化物やたんぱく質、ビタミン類などの栄養分を摂取する目的で食するものではなく、味や風味を楽しむために摂取する食品類であります。その中で飲料ということで「嗜好飲料」に分類されるものになります。

嗜好飲料には茶類、コーヒー、清涼飲料など様々なものがあります。一般的に世界の三大嗜好飲料としてコーヒー、紅茶、ココアが挙げられます。日本で好まれている嗜好飲料ではココアの代わりに緑茶が挙げられます。これら以外ではウーロン茶のような中国茶やコーラなどの炭酸飲料に加え、最近では甘味料や果汁などを添加していない炭酸のみの飲料などの人気もあります。

コーヒーの種類について

今回のお話の中心であるコーヒーは、植物である「コーヒーノキ」の種子を焙煎し粉末状にしたものにお湯を加えて種子の成分を抽出したものになります。コーヒーノキの原種としてはアラビカ種（*Coffea arabica* L.）、ロブスタ種（*Coffea canephora* var. *robusta*）、リベリカ種（*Coffea liberica* Bull ex Hiern.）などがあります。皆さんがよく目にするコーヒーの名前としてブルーマウンテンやキリマンジャロ、モカなどがあると思いますがこれらは全てアラビカ種のコーヒーになります。ちなみにこのようなコーヒー名は「銘柄」として使用されています。銘柄を使用するにはいろいろなルールがありまして、例えばブルーマウンテンだとジャマイカ国のブルーマウンテン地区で生産されたアラビカ種のコーヒー豆、キリマンジャロだとタンザニア国で生産されたアラビカ種のコーヒー豆に限定されます。もうひとつの品種であるロブスタ種は最近東南アジアなどでの栽培が盛んになっている品種です。味は酸味がなくアラビカ種より苦味が強いものになります。簡単にコーヒーが楽しめるインスタントコーヒーの製造原料などに使用されることが多いそうです。

身近なコーヒーというと今述べましたインスタントコーヒーとコーヒー豆から淹れるレギュラーコーヒーがあります。今回はレギュラーコーヒーを中心にお話しさせていただきます。

コーヒーの成分

色について

さて食品学の視点からコーヒーを見ますとコーヒーに含まれるいろいろな成分がコーヒーの特徴に関係しています。いろいろな成分のうち色の元になる色素、香りの成分（香気成分）、味の元になる成分（味覚成分）などがコーヒーの特徴を示す成分として挙げられます。化学的な視点からはこれらの物質は様々な有機化合物に該当するものが多いのですが、例えばコーヒーに多く含まれるカフェインやクロロゲン酸などが挙げられます。これらは複雑な構造をとっていますが、カフェインだと$C_8H_{10}N_4O_2$、クロロゲン酸だと$C_{16}H_{18}O_9$のような有機化合物の構造式の話をしてもわけがわからなくなるだけですので今回はこの手の話は、なしとさせていただきます。

とは言っても食品学ですから各種成分についてのお話はしておきたいと思います。まずは色についてお話しします。食品の色は基本的には食品に含まれる色素成分に由来します。例えばニンジンのオレンジ色はカロテノイド系色素であるβカロテンが主たる色素成分です。葉物野菜の緑色はクロロフィル（葉緑素）という色素ですね。嗜好飲料では緑茶の緑色はお茶の葉に含まれるクロロフィルの色になります。緑茶は初期製造工程において茶葉を蒸気で蒸すことでクロロフィルの酸化に働く酵素を働かせなくすることでクロロフィルの酸化を抑えています。その結果クロロフィルが残り、緑茶は緑色を示します。緑茶の一種であるほうじ茶は煎茶や番茶の茶葉を赤茶色に変わるまで強火で焙煎したお茶です。強火で焙煎するため焦げた色の成分（メラノイジン）ができます。この反応をアミノカルボニル反応（メイラード反応）と呼んでいます。ほうじ茶は焙煎することで緑茶のような緑色ではなく茶色になります。

紅茶は名前の通り紅い色をしていますが、緑茶と同じ茶葉から製造するのに緑茶とは色が大きく違います。紅茶はその製造工程で緑茶のような加熱処理がありません。そのため茶葉にもともと含まれる酵素が働き茶葉中の成分の酸化が起こります。茶葉中のクロロフィルは酸化されて緑色がなくなります。また茶葉に含まれるカテキンという成分が酸化されてテアフラビンという物質に変化します。このテアフラビンが紅茶の色の元になっています。

さて話をコーヒーに戻しますとコーヒーの色といえば茶色を思い浮かべると思います。もともとコーヒー豆（生豆）は緑色をしています。生豆を焙煎することで色が変化しています。生豆の成分としてはたんぱく質（一一〜一三パーセント）、脂質（一二〜一八パーセント）、糖類（六〜八パーセント）、クロロゲン酸（五・五〜八パーセント）、カフェイン（〇・九〜一・二パーセント）、有機酸（一〜二パーセント）などがあります。これら成分のうち、たんぱく質、糖類、クロロゲン酸がコーヒーの色に関係しています。もともとこれらの成分は茶色（褐色）ではないのですが、焙煎という加熱処理により褐変物質へと変化します。たんぱく質と糖類を加熱処理するとアミノカルボニル反応（メイラード反応）と呼ばれる変化が起きます。この反応によって褐色色素であるメラノイジンが生成します。また糖類は加熱によってカラメル化反応と呼ばれる変化が発生し、茶色の色素が生成します。クロロゲン酸はポリフェノールの一種で糖類と反応して元の緑色から褐色に変化します。焙煎によって生じるこれらの褐変物質がコーヒーの色の元になっています。

香りについて

次に香りについてお話しします。コーヒーには焙煎した豆を引いたときや、コーヒーを淹れたときに良い香りがしますが、この香りは六〇〇種類以上の香り成分が関与していると言われています。焙煎処理によって先ほどのアミノカルボニル反応が生じますが、この反応では褐変物質だけでなく香ばしい香りの成分なども作られます。またアミノカルボニル反応が起こると副反応としてストレッカー分解と呼ばれる反応が起こります。この反応ではピラジン類、フラン類、アルデヒド類と呼ばれる有機化合物が生成します。これらの化合物は焦げたときに出てくる香り成分で、ピラジン類やフラン類は焼いたパンや肉類の美味しそうな匂いの成分でもあります。同じく焙煎処理によって生じるカラメル化反応でも甘い香りのする成分が作られます。また生豆に含まれる脂質が分解されて生じる香り成分もあります。

　コーヒーの香りはこれらの香り成分が組み合わさってできるものでその組み合わせの違いがコーヒー豆の個性にもなっています。

味覚について

　続きましてコーヒーの味覚成分についてお話しします。コーヒーの味というと好みもありますが苦味や酸味が挙げられます。

　コーヒーにはこれまでお話ししましたように様々な成分が含まれています。これらの成分は色、香りだけでなく味にも関係する成分が多くあります。

　コーヒーというとカフェインが多く含まれているイメージがあると思います。このカフェインですが一般的には「目が覚める」、「集中力が増す」といった効果があることで知られています。実際カフェインはレギュラーコーヒーで一〇〇ミリリットルあたり六〇ミリグラム程度含まれています。煎茶では一〇〇ミリリットルあたり二〇ミリグラム、紅茶では一〇〇ミリリットルあたり三〇ミリグラム程度ですのでコーヒーは嗜好飲料の中ではカフェイン含量が高いことがわかります。ちなみにココアにも微量ながらカフェインが含まれています。

カフェインを味覚成分として見た場合には「苦味」成分が該当します。コーヒーには多くのカフェインが含まれていることからコーヒーは苦味が強いと言えます。

コーヒーの味というとまず挙げられる「苦味」ですが、コーヒーの苦味は今お話ししたカフェインだけでなく、他の苦味成分もあります。コーヒーにはカフェインを取り除いたカフェインレスコーヒーがありますが、このコーヒーにも苦味はあります。このことからコーヒーにはカフェイン以外の苦味成分も含まれていると言えます。ではどのような苦味成分があるのでしょうか。

先に色の話をした時に出てきましたアミノカルボニル反応ですがこの反応で褐変物質であるメラノイジンが生成します。このメラノイジンは褐変物質でありますが、味としては苦味を呈します。メラノイジン以外にもカラメル化反応で生成する褐変物質も苦味を呈する成分になります。糖質の加熱により発生するカラメル化反応ですが、反応が進むといわゆる焦げた物質になります。皆さんも焦げに苦味があることを経験したことがあると思います。これら以外ではポリフェノールの一種であるクロロゲン酸も苦味を呈する物質になります。このように単に「苦味」といっても一つの成分が苦味を題しているわけではなく、コーヒーに含まれる様々な苦味に関係する成分がコーヒーの苦味を形成していることになります。

次にコーヒーの「酸味」についてお話しします。酸味とは「酸っぱい味」ですが、酸味を示す成分としては無機物の酸味成分、有機物の酸味成分があります。無機物で酸味を示すものとして食品に含まれる成分ではリン酸があります。このリン酸もコーヒーに含まれています。有機物で酸味を示すものとして有機酸があります。有機酸には酢酸やクエン酸などいろいろあります。酢酸は食酢の代表的な酸味成分です。クエン酸はレモンなどの柑橘類に多く含まれる酸味成分です。これら以外にはヨーグルトの酸味成分である乳酸やりんご果実の酸味成分であるリンゴ酸、ぶどうに多く含まれる酒石酸などがあります。コーヒーにはこれら有機酸のうちクエン酸や酢酸などが多く含まれています。クエン酸が多いタイプのコーヒー豆や酢酸が多いタイプの豆などがあり、どちらの有機酸が多いか、がコーヒーの酸味の特徴の一つになっているようです。ちなみにクエン酸が多い豆では「フルーティーな酸味」になるそうです。

またコーヒーには先の苦味成分のお話しに出てきたクロロゲン酸が焙煎処理により分解してできるキナ酸という酸味成分があります。このキナ酸もコーヒーの主要な酸味成分と言われています。

　コーヒーの酸味も先の苦味と同様に様々な酸味に関係する成分がコーヒーの酸味を形成していることになります。

　コーヒーを飲むときにあまり感じることは無いかもしれませんが、コーヒーにも甘味を感じる物質が含まれています。砂糖のような糖類もコーヒー豆には含まれていますがその量が少ないため主要な甘味成分とは考えられていません。またコーヒー豆に含まれる糖類は焙煎処理により他の物質に変化するためその量は減少しています。コーヒーの甘味は糖類を加熱した際に起こるアミノカルボニル反応により生じる物質が関係していると考えられています。アミノカルボニル反応では様々な物質ができますが、その中にフラノン類と呼ばれる香り成分がありま す。このフラノンは香りの成分ではありますが、この香りにより甘味を感じるそうです。ただコーヒーの甘味についてはまだまだよくわからないことが多いそうです。

　最後にコーヒーの味覚としてはあまり意識されませんが、カップに注いだときにコーヒーの表面に見られる脂質についてお話しします。コーヒー生豆には一二〜一八パーセント程度の脂質が含まれています。先にお話ししましたようにこの脂質は「香り」成分のもと（前駆体）になっています。脂質は脂肪とも言いますが最も多い脂質は中性脂質（中性脂肪）で、グリセロールというアルコールの一種に脂肪酸が結合したものです。最近では甘味、酸味、塩味、苦味、うま味に加えてこの脂質の味として脂肪味（しぼうみ）と言われるものが提唱されています。確かに油脂が少ない食品は全体の味としてあっさりした感じになりますし、それなりに油脂が含まれる食品は美味しく感じることが多いものです。ただ脂肪味に関してはまだまだ研究が必要な状況です。

さてコーヒー生豆には一割程度の脂質が含まれていますがコーヒーを飲料として飲む際に含まれる脂質は微量です。微量ではありますが脂質が含まれることからコーヒーに「コク」が出ると言われています。それでは「コク」って一体何でしょうか。いろいろな考え方があるようですが、コクは単純な塩味やうま味あるいは香りではなく「複雑な味わい」のことだと言われています。濃厚感や持続性、広がりがある際に「感じられる味わい」とされています。このコクに関係する成分の一つである香りの成分は水よりも脂質（油）に溶けやすい性質があります。食品から直接出てくる香り成分に加えて、脂質に溶け込んだ香り成分が徐々に出てくることで持続的に香りを感じると考えられています。このことから脂質はコクに関係していると言われています。

コーヒー豆の焙煎について

さてこれまでコーヒーの色、香り、味などについてお話ししてきましたが、これらの成分ができるには「焙煎」という加熱処理が関わっています。コーヒーの焙煎は生豆を炒って加熱することを指します。この焙煎処理の温度や加熱時間の違いによってコーヒーの色、香り、味に違いが出ます。この焙煎処理にこだわったコーヒー屋さんも最近は増えているようです。特にスペシャルティコーヒーでは各店焙煎にこだわっているようです。

一般的にコーヒーの焙煎処理は一八五度から二四〇度前後の温度で一〇分から一五分程度行われています。焙煎の程度（ロースト度）は温度と時間の違いからおおまかには「浅煎り」「中煎り」「深煎り」の三つに分けられています。もう少し細かく分類したものとして焙煎の程度は八段階に分けられています。

このうち浅煎りでは最も焙煎の程度が浅いものを「ライトロースト」、次が「シナモンロースト」と呼ばれています。中煎りに該当するものとして焙煎の程度が浅いものから「ミディアムロースト」、「ハイロースト」があります。深煎りには「シティロースト」、「フルシティロースト」、「フレンチロースト」、「イタリアンロースト」があります。

コーヒー豆は加熱を行うと生豆に含まれる水分が水蒸気に変わることでコーヒー豆内の内圧が高くなり膨らんでいきます。そしてこの内圧にコーヒー豆が耐えきれなくなると豆の組織が壊れてパチパチと音が出るようになります。この音が鳴る現象を豆が「爆ぜる」ことから「ハゼ」と呼んでいます。焙煎中にハゼと呼ばれる現象は二回起こります。このハゼが起こることを目安に上記の焙煎程度が分けられています。例えば「ライトロースト」では一回目のハゼが起こる直前まで加熱した段階になります。「シナモンロースト」は一回目のハゼの途中まで加熱した段階になります。

「ミディアムロースト」は一回目のハゼの終了時まで加熱した段階、「ハイロースト」は一回目のハゼと二回目のハゼの間になります。

「シティロースト」は二回目のハゼの開始まで加熱した段階、「フルシティロースト」は二回目のハゼの途中まで加熱した段階、「フレンチロースト」は二回目のハゼの終了直前まで加熱した段階、「イタリアンロースト」は二回目のハゼが終了するまで加熱したものになります。

焙煎処理を行うと生豆の緑色から少しずつ茶色に変化していきます。同時に香りや味も変化していきます。それでは上記の焙煎程度で色や味などがどのように変わっていくのか見てみましょう。

まず浅煎りの「ライトロースト」では色は生豆の緑色からうっすらと焦げ目がついている状

態です。コーヒーの香りもあまりしない状態で、苦味がなく酸味が強いものになります。この状態の豆でコーヒーにすることはほとんどないそうです。コーヒー豆本来の性質（酸味が強い、甘みがある、など）を調べるテスト用の焙煎レベルだそうです。「シナモンロースト」は名前のようにシナモンのような色をしています。苦味がなくさっぱりとした酸味があります。以前はこれら浅煎りのコーヒーはあまり飲まれていなかったのですが、最近では浅煎りのコーヒーを展開するお店も増えているそうです。

中煎りの「ミディアムロースト」は薄い茶色で味としては苦味が少し出てきますがさっぱりとした軽い味わいが特徴です。またコーヒーらしい香りも出てきています。ミディアムローストはアメリカンローストとも呼ばれ、いわゆるアメリカンコーヒーを淹れるのに適しています。「ハイロースト」は豆の色としては茶色で味は酸味が残りつつもコーヒーらしい柔らかい苦味が出てきてすっきりとした味わいです。一般的な焙煎程度のもので家庭でもよく飲まれるタイプになります。

深煎りには「シティロースト」、「フルシティロースト」、「フレンチロースト」、「イタリアンロースト」などがあります。「シティロースト」は深煎りの中でいちばん軽いもので豆の色は茶色、酸味と苦味のバランスが良い焙煎加減が特徴です。最も標準的な焙煎加減で親しまれています。「フルシティロースト」はより焙煎の進んだもので豆の色は濃い茶色に変わり、苦味が酸味より強くなっていきます。また香ばしい香りも強くなった焙煎程度になります。「フレンチロースト」は焙煎程度がより深いタイプで豆は黒に近い焦げ茶色になります。酸味はほとんどなく苦味の強いコーヒーになります。カフェオレのようなミルクやクリームと混ぜる飲み方に向いている焙煎程度になります。「イタリアンロースト」は最も焙煎程度の進んだもので、豆の色はほぼ黒色になります。強い苦味が特徴でエスプレッソコーヒーやカプチーノのような飲み方のコーヒーを作るのに適した焙煎程度になります。

このようにコーヒー豆の焙煎によって豆の色や香り、味に大きな違いが出てきます。まとめますと一般的に浅煎りでは焙煎温度も低く焙煎時間も短いため、アミノカルボニル反応やカラメル化が少ない（アミノカルボニル反応やカラメル化は温度が高いほど、高温の時間が長いほど進みやすい）ため、褐変物質が少なく豆の色は薄くなる傾向になります。風味や香りが強く、味としては苦味が少なく特に酸味が強い特徴があります。深煎りの場合では加熱が進むことで香り成分の揮発、酸味成分の分解が起こるため風味や香り、酸味は減少します。アミノカルボニル反応やカラメル化が進むため豆の色は濃くなっていきます。また苦味成分（アミノカルボニル反応で生成するメラノイジンやカラメル化で生成するカラメル）が増加するため苦味が強くなっていきます。味についてまとめますと浅煎りでは酸味が、深煎りになるほど苦味が強くなるということができます。好みの味のコーヒーを選ぶ時の参考にしていただけると幸いです。

コーヒー豆の挽き方について

焙煎したコーヒー豆は豆のままではコーヒーを入れるのに適しません。そこで粉状に挽くことで表面積を大きくし、コーヒー豆中の成分（酸味や苦味、甘味など）が十分に抽出（水やお湯にコーヒー豆中の成分を溶かし出すこと）できるようにしています。この挽き方の程度で抽出される成分の種類や量が変化します。粗く挽いた場合には溶けやすい成分は出やすく、溶けにくい成分は出にくくなります。細かく挽いた場合には溶けにくい成分も抽出されるようになります。

挽き方の程度には粗挽き、中挽き、中細挽き、細挽き、極細挽きなどに分けられます。粗挽きの場合抽出される成分の量は少なくなり、抽出されやすい成分としては酸味の成分（有機酸類など）があります。逆に抽出されにくい成分として苦味の成分（メラノイジンやカラメル）があります。抽出される成分の量が少ない粗挽きのコーヒーは薄く軽めの味わいのコーヒーになります。中挽きでは苦味の成分も抽出されるようになるため、苦味と酸味のバランスの取れた味わいになります。中細挽きでは中挽きよりやや苦味が強い味わいになります。細挽きでは苦味がより強まり、極細挽きでは苦味がとても強い味わいのコーヒーになります。一般的なコーヒーの淹れ方であるペーパードリップでは中細挽きの豆がよく使用されています。まとめますと粗く挽いた豆の場合には薄く軽めの味わいのコーヒーが、細かく挽いた豆の場合には濃く苦目の味わいのコーヒーができることになります。

コーヒー豆の抽出方法（淹れ方について）

コーヒーとはコーヒー豆から各種成分を水やお湯の中に溶かしだしたものになります。この溶かしだす方法（淹れ方）は大きく二つの方法があります。ひとつはコーヒー粉に水（お湯）を通して成分を溶かしだす「透過式」と、コーヒー粉を一定時間水（お湯）につけて成分を溶かしだす「浸漬式」があります。

透過式では、紙製のフィルターを使用するペーパードリップ、布をフィルターとして使用するネルドリップがあります。これらはコーヒー豆に水（お湯）を少しずつ注ぎゆっくり自然と透過させていく方法になります。エスプレッソも透過式ですがこちらは機械を使って圧力をかけて短時間で一気に抽出する方法です。

浸漬式は緑茶や紅茶の淹れ方のイメージのもので、フレンチプレスは紅茶の抽出器具と同じ器具を使った淹れ方です。サイフィンやパーコレーターも浸漬式の淹れ方になります。最近ではエアロプレスといった器機も使われ出しています。

　最もよく使われている抽出方法は上記のペーパードリップだと思います。ヤカンからお湯を自分で注ぐハンドドリップ、自動的にお湯を注ぐコーヒーメーカーなどの器機で使われる方法です。コーヒーを淹れる際にコーヒー粉を入れたペーパーフィルターをセットする器具をドリッパーと言います。このドリッパーには底の部分に穴が空いており、この穴の大きさや数の違いがあります。そのためドリッパーの違いで出来上がるコーヒーの味などに違いが出やすくなります。ドリッパーに小さな穴が一つ開いているタイプですと抽出される速度がゆっくりになるため比較的濃厚な味わいのコーヒーになります。穴が三つ空いているタイプですと抽出速度が速くなるためお湯の注ぎ方で味に違いが出やすくなります。

　このペーパードリップで使用されるフィルターは紙製ですがその形にはいろいろな種類があります。最もよく見る形は「台形型」と「円錐型」です。台形型と円錐型の抽出時間を比較すると円錐型の方が短くなります。その結果円錐型で淹れたコーヒーは台形型より酸味を感じるすっきりした味わいになります。逆に台形型で淹れたコーヒーは比較的濃厚な味わいになります。

　コーヒーを淹れる時のお湯の温度もコーヒーの味に大きく影響します。繰り返しになりますが酸味成分は溶け出しやすく、苦味成分は溶け出しにくい性質があります。お湯の温度が高い場合（九〇度から九五度）ですと酸味成分も苦味成分も抽出されます。結果として苦味が強いコーヒーになります。お湯の温度が低い場合（八〇度から八五度）ですと酸味成分は抽出されますが苦味成分はあまり出ていないことから酸味のあるすっきりとした味わいになります。

コーヒーカップの形状と味の関係

ヒトは舌で味を感じます。舌にある味を感じる部分は舌全体に分布しています。五つの基本味（甘味、酸味、塩味、苦味、うま味）自体はどの部分でも感じられます。ただその感受性は舌の部分によって異なります。ということは口の中へのコーヒーの入り方で同じコーヒーでも味の感じが違ってきます。口の中への液体の入り方は器によって変わってきます。コーヒーカップには縁の薄いもの、縁が厚いもの、縁が広がっているもの、縁が真っ直ぐなものなどがあります。

縁が薄いカップの場合口に入れたコーヒーが口の中全体に広がりやすくなります。そのため軽い感じ舌の中で酸味を感じる部分にコーヒーが触れて酸味を強く感じることになります。縁が厚いカップの場合口に入れたコーヒーが口の奥に流れ込みやすくなります。この場合舌の奥の部分にある苦味を強く感じる部分にコーヒーが触れるため苦味を強く感じることになります。

縁が広がっているカップの場合は舌の広い範囲にコーヒーが広がるので、縁が薄いカップと同じように酸味を強く感じることになります。縁が真っ直ぐなカップの場合は縁の厚いカップと同じように口の奥にコーヒーが流れやすくなるため苦味を強く感じることになります。

このような器の違いによる味の感じ方の違いは他の飲料でも同じように起こります。ワインはコーヒーと同じように酸味や苦味のバランスでいろいろな好みがあります。ワインの場合も酸味を味わいたい場合、苦味を感じたい場合でワイングラスの形状を変えると味わいが変わるそうです。

さて色々とコーヒーの色や味などについてお話ししてきましたが普段飲んでいるコーヒーも淹れ方やお湯の温度、カップの形などによって味わいが変化することがあります。いつもと違った飲み方をすることでいつもとは違ったコーヒーを楽しむことも良いですね。今日のお話が自分の好みに合ったコーヒーを楽しんでもらえる助けになればと思います。

カフェ
――新たな社交空間

呉谷充利

「客間」の左遷

カフェは、今日、都市における人間の一結び目としてあろう。が、ここにいう結び目はビジネスの商談でもなく、組織の役職間のやり取りでもない。これらは場所を問わない或る目的的な行為であって、自由な人間関係を持ってはいない。この自由な結び目をいわゆる社交において考えてみたい。

ところで、都市社会以前の人の交わりは主に住宅において担われたと考えられる。伝統的な日本の家屋にみられる客間、いわゆる「座敷」がこの人間関係の場として機能していたと見ることができるのであるが、大正期に合理的な住宅論を説いた佐野利器は『住宅論』(1)のなかで「住宅は家人の生活する所であるといふ観念を的確に持つことが第一に肝要である。在来の我々の住宅は寧《むしろ》接客を主眼として造られたる如き感がある」(2)とし、武家住宅を範とする接客本位の間取りを批判した。

佐野は「真の住宅は正に家人本位たるべく、しかも一家団欒の室がその中枢をなさねばならぬものであることを確信する」(3)と述べて、「茶の間」と「居間」を合わせたような一家団欒の室を新たな家人の居場所として、中流の家ではここで客を接待し、食事もすることにしたいという(4)。

が、私見を交えれば、佐野利器の考えかたは、新たな住宅論であったとしても、接客を過小に評価するものになってはいなかったか。接客とは何よりも人間の結び目であり、これ無くして社会的な関係は成立しがたい。日清、日露の戦勝を以て、明治の富国強兵政策の成果を見た日本の社会は「大正デモクラシー」といわれる時代を迎える。このデモクラシーの気運は、封建体制における旧弊を排して、新たな社会の有りようを模索した。佐野の住宅論はこの一結実であったといえる。封建的思想の打破という、当時の時代的な使命を考えてみれば、無論、その主張は理解できる。

しかしながら、一歩退いて、接客つまり社交が、社会の根本を担う重要な人間同士の関わりであるとすれば、佐野利器の「家族本位」の住宅論は、合理的な思考に傾く余り、社交の果たすこの重要な役割を見逃すことになったと言えなくもない。ひと言でいえば、大正期のその合理的な住宅は社交の場を喪失したといえる。

　さらに時代を降って、戦後、西山卯三は『これからのすまい――住様式の話』[5]を上梓し、住宅の間取りの根本に「食寝分離」を掲げ、この延長に家族団欒や仕事の場としての「居間兼食堂」を見る。この「居間兼食堂」と寝室（私室）から成る住宅において、彼は、生活改善同盟会が大正九年に「住宅の間取り設備は在来の接客本位を家族本位に改めること」を主張して運動を試みたことを顧みながら、「親密応接」としての社交を居間に求めている。彼は家族が迎え入れる「親密応接」を社交として挙げ、この社交の場に時間的な制約を付して「食事室・居間」を住宅の公の空間としたのである。

　要するに、旧来の武家造や書院造に重視される接客本位のありかたを改めて、住宅を家族本位のものにするという、そのことが、日本近代にみる住宅改革の枢軸を担ったのである。西山卯三の食寝分離を基にするこの住宅論は、公営住宅の標準設計として採用され、今日に及ぶ住宅の間取りの基本となった。「座敷」は、いわば封建的な身分関係を儀式化するものとして追放されたと言え、これが今日につづく。

　こうした住宅において、いわゆる「社交」は主題的な地位を失って、日常的な「家族本位」

の場へと様相を大きく変えたのである。西山夘三は、公の場となる「居間の生活」が概ね食事を兼ねることを予想して、この場所に「ヨソの人」が入ることのない「ケジメ」を時間的に計って解決することを述べたのである。(6) こうしたことからみれば、この「家族本位」の住まいは、ウチとヨソに表される閉鎖的な関係を暗に示すものになり、そこには、近代に求められる開かれた人間の関係を見ることはできない。近代とは、ウチとヨソ、つまり身内と他者の壁を取り去った新たな社会関係において、その誕生を見たのではなかったか。

そうであれば、われわれは、いま、改めて人間社会における「社交」を問い直さなければならない。別な言いかたをすれば、「家族本位」の住宅論は、近代の文明の根底に届いて立脚するものではなく、いわばその枝葉的、技術的解決に留まって、真の意味で、文明としての近代に届くものではなかったといえなくもない。

「家族本位」の住まいは、つまるところ、今日、「家族の孤立」を招いているようにさえ、筆者には見えるのである。さらに言えば、「家族の孤立」が意味する、社交つまり人間同士の関係の、貧弱化は容易に人間の孤立につながる。こうしたことから見れば、人間同士の関係たる社交は、今日の最も重要な一社会的テーマとして浮かび上がる。

社交

その社交を考えてみるとき、まず、ひろく人間の関係があろう。人類は、或る集まりを作って、今日に至る繁栄を築いてきたことは確かである。その集まりには、それをかたちづくる或る力といえるものがはたらく。その力といえるものは、柔らかくはたらくものから堅くはたらくものまで、様々であるが、それぞれに或る集まりのかたちを結ぶ。例えば、芝居や映画、あるいはスポーツなどを観る、音楽の演奏を聴く、そこには、それらの舞台を囲む人間の集まりがあり、さらには、そうした集まりが、みずから、或る規範性、或る規律を以て維持され、組織化され、社会的な集団に及ぶ。

古代ギリシア人はこうした社会的規範をノモス νόμος と呼び、ノモスは掟や慣習、法にいたる。ノモスが意味する広義の規範性は、或る全体的な社会を示唆している。この全体的な社会にたいしていえば、そこにおける個はその全体を構成するある役割を担っている。全体がその個を包摂するのである。そこに在るものは、或る社会的規範であり、規律であり、個にたいするある法的拘束といえる。

が、筆者がここでテーマとしてみたいのは、そうしたノモス的な有りようというより、むしろ個々の人間における、その交わりのしかたなのである。近代における個は、自らの界面を以て社会と接する。その交わりは、或る全体に唯《ただ》従属的に従う人間のはたらきではなく、個としての人間に拠って立つ、もう一つの社会的有りようである。個の独立という歴史的なテーマがここに現われる。人間の歴史における個の出現という、このテーマは、無論、われわれの社会において大きな意味を持っている。

この個の歴史性を明らかにするものがルネサンスにはじまるいわゆる近代である。ヤーコプ・クリストフ・ブルクハルト（一八一八―一八九七）は、近代における社会を主題化し、『イタリア・ルネサンスの文化　一試論』を著す。彼は、このなかで、イタリア・ルネサンスにおける社交の第一の条件として、中世の市民生活と対照をなす身分の平等化を挙げて、高級なつまり理想的な意味における社交生活にはもはや階級の差別はないと述べている。(7) イタリア・ルネサンスに花開く新たな交わりは、唯宮廷社会のみならず、市井においても同様な有りようを生み、中世社会を脱する新たな社交をひらく。

カスティリオーネ（一四七八―一五二九）がウルビーノの「宮廷」に描く、社交上の理想的な人間、あるいはジョヴァンニ・デッラ・カーサ（一五〇三―一五五六）が『ガラテーオ、あるいは礼儀作法の書』(8) に述べる、市井の人間の振る舞い、人の前で尊大な態度を見せず、自分の仲間たちへの敬愛や尊敬の念における普段の心得、宮廷と市井にわたるこの新たな社会関係は、その後十六世紀末のフランスにもたらされ、いわゆる『サロン』となる。

この「サロン」の開設に大役を果たすことになったのが後のランブイエ侯爵夫人、ローマ生まれのカトリーヌ・ヴィヴォンヌ（一五八八―一六六五）である。彼女は、一五九四年アンリ四世からフランスへの帰化を与えられ、フランスのサロンで最初で最大の「サロン」を開いたとされる。[9] カトリーヌ・ヴィヴォンヌは、ランブイエ侯爵夫人となって、洗練されたルネサンスの作法を以て、一五八九年に即位するブルボン朝最初の国王アンリ四世治下の蛮風をさとし、一六一四年以前のフランス語には見当たらないとされる、サロン[10] salon 創設という大きな一ページを十七世紀のフランスにもたらしたのである。

フランスにみるコーヒーの伝播

一六六九年、ブルボン朝ルイ十四世の宮廷は、オスマン・トルコより遣わされた一人の使者を迎える。この使者スレイマン・アヤ[11]によって、漆黒の嗜好飲料が宮廷社会にお披露目される。これを目にした貴族たちは、神妙な面持ちで口にしたであろうことは想像に難くない。

コーヒーの成分としてのカフェインは神経の興奮を引き起こす。このことはじつに大きな意味を持つ。通常、外界と身体は、五感における平衡関係を以てあい対している。気温が高ければ、暑いと感じ、逆に、低ければ、寒いと感じる。光を見て明るさを感じ、自然や周囲の音を耳にして、その発するところを見る。身体は、味覚に甘ければ、甘く、苦ければ、苦く、また、嗅覚にその香りの甘美を知る。

ところが、神経の覚醒的な興奮は、この平衡的な世界を一変する。覚醒的なその興奮は、いわばそれ以上のものを世界に求める。眼前のそのままの世界をいわば超え出るような一世界性が生まれるのである。スーフィズムの眠気を覚ます漆黒の液体の秘儀に、隠されたものがあった。眠いときに眠る、通常の身体の有りようは、放擲され、通常にはない、眠らまいとする身体の一世界がそこに生まれる。スーフィズムの僧は、眼前の世界を超える一つの世界を生きようとしたのである。

そうした覚醒的な神経の興奮は、いわば別乾坤の世界への雄飛を、あるいは現実を否定的に媒介して超越するがごとく新たな世界への跳躍を、なさんとする。前者の一例をいえば、エキゾチシズムにみる別世界であり、後者の例は、現実を超える新たな未来世界に他ならない。漆黒の黒い液体は、このストーリーを人類の歴史に刻んだのである。

オスマン・トルコからの使者が太陽王ルイ十四世の宮廷に傅《かしず》いたのは、カトリーヌ・ヴィヴォンヌ、ランブイエ侯爵夫人他界の四年後のことであった。

カフェ「プロコープ」と「コメディー・フランセーズ」

優雅な宮廷社会にみるスレイマン・アヤのコーヒーにたいして、一六七二年、市井にコーヒーの模擬店を試みたアルメニア人、パスカルがいた。が、その模擬店は、パリに陣取る「カフェ」へと至りはしなかった。このことに見事な先鞭を付けたのが、シチリア出身のプロコープであり、その鍵は、都市社会との結びつきにあった。一六八六年、以前の浴場を立派に改装したプロコープの「カフェ」は、曲折を経て一六八九年四月フォセ＝サン＝ジェルマン＝デ＝プレに新劇場を見たコメディー・フランセーズとまさに繋がる。

コメディー・フランセーズは、一六八〇年ルイ十四世に拠って創立されたフランスの国立劇場であり、また「モリエールの家」とも云う。モリエール（一六二二―一六七三）は、フランス古典喜劇の完成者とされ、徹底的な人間観察と容赦のない風刺を以て知られる。このモリエールの演劇世界がコメディー・フランセーズに継がれる。モリエールの死後、劇場はさらにコルネーユ（一六〇六―一六八四）、ラシーヌ（一六三九―一六九九）の悲劇を加えて、新たな発足を見る。

コメディー・フランセーズの創立は太陽王ルイ十四世の勅命と結びついている。見方を換えれば、このことは宮廷文化の市井化を意味したと言え、プロコープがこの劇場と対《つい》になるカフェに「鏡を置き、水晶の飾り物と大理石の壁とテーブルを配置し」(12)て、豪奢な造りとしたことは、まことに正鵠を射たものであったといえる。ランブイエ侯爵夫人が開いたとされる一六一三年から一六五〇年にわたる「サロン」、ルイ十四世（一六三八―一七一五）治下の典雅な宮廷社会、コメディー・フランセーズの演目、市井のカフェはこの知的伝統に連なる。

市井における立脚を確かなものにしたカフェ「プロコープ」、フランス革命における「カフェ・ド・フォア」、印象派と「カフェ・ゲルボア」、実存主義とサン＝ジェルマン＝デ＝プレの「カフェ」はこれを見事に語っている。カフェは、いわば知と芸術の市井化を以て、近代の柱礎を担ったといえよう。

日本におけるコーヒーの伝来と展開

日本におけるコーヒーの伝来は、すでに江戸時代に始まる。先達の知見に従えば、以下のようになる。(13)初出は、一七八二年、蘭学者志筑忠雄の訳書『萬国管窺《ばんこくかんき》』。一七八三年、蘭学者林蘭梯「紅毛本草」記事。一八〇四年、文人・狂歌師大田蜀山人、日本人初の飲用体験記「瓊《けい》浦又綴《ほゆうてつ》」。この時のコーヒーは異国の珍しい嗜好品であり、漢字表記はなかったと云う。そのコーヒーに「珈琲」の字を当てたのが、津山藩の蘭学者宇田川榕菴《うだがわようあん》（一七九八―一八四六）である。(14) 義父玄真に随行、参府し、カピタン（和蘭陀商館長）と面談して、初めてコーヒーを喫する。これに興味を持ち、一八一六年、十九歳のとき、コーヒーにたいする本邦最初の論文「哥非乙説」を著し、その産地、効用を知らしめ、『観自在菩薩楼随筆《かんじざいぼさつろうずいひつ》』に自ら「コーヒーカン（コーヒーの煮出し器）図」（**図1**）をスケッチしている。こうしたことのみならず、かれは、さらに今日に使用される学術用語「細胞」「属」「酸素」「窒素」「酸化」「中和」といった言葉を案出し、その後の日本の学術の発展に多大な貢献をなしている。

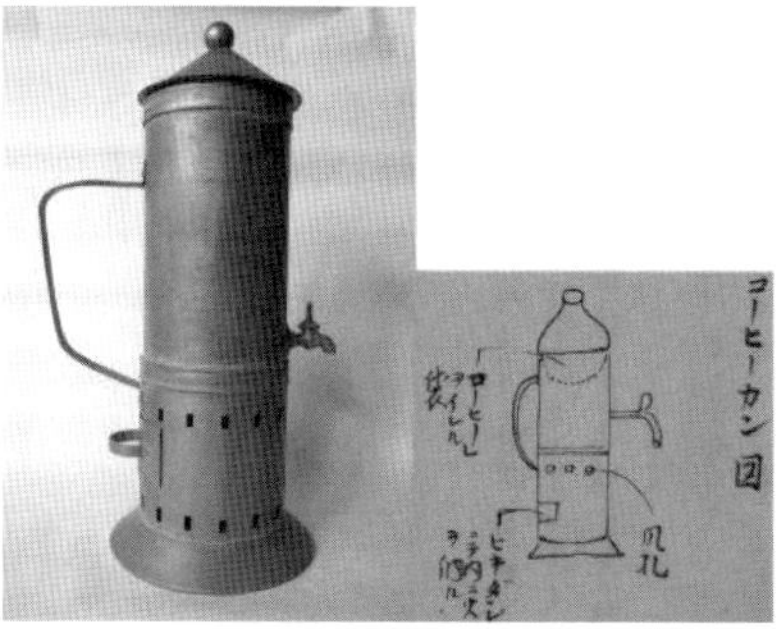

図1　左は榕菴の図の実物復元, 津山洋学資料館展示物（写真と図は『洋学博覧万筆』vol.19「榕菴のコーヒー研究」による）

横浜、神戸両港が開港され、江戸は、大政奉還を以て、江戸城の開城を見る。江戸は東京と改称され、明治改元（一八六八）となる。文明開化の名の下に西洋風の新たな建物が現れる。明治元年に造られる「築地ホテル館」はこの先駆けとなる。福澤諭吉の「三田演説館」（明治六年）、「銀座煉瓦街」（明治十一年）といった明治を象徴する建築がこれにつづく。

嗜好飲料のコーヒーは、市中に現れて、コーヒー店となる。明治二二（一八八九）年、初のコーヒー店「可否茶館」が上野に開店する。開いたのは中国人鄭永慶である。が、一八九二年に閉店したとされる。少し高めな値段のこともあって、庶民の生活のスタイルに届くことはなかったのである。

この「可否茶館」からしばらく時を置いた、明治四四（一九一一）年三月、パリの「カフェ・ガボン」を真似たと云う「カフェ・プランタン」が銀座に造られる。日本で初めて、「カフェ」を冠したとされる、この店を造ったのは、洋画家の松山省三である。念願のパリには行けなかったようであるが、夢見た「カフェ」への追慕、醒めやらず、このカフェの創設に至ったのである。しかしながら、松山省三のカフェは、さほどの関心を引かず、やむなく会員制のクラブとなる。思い描いたパリの、市井の「カフェ」の実現は叶わなかったものの、会員には当時の文化人が多士済々名を連ねる。そこには、黒田清輝、岸田劉生、森鷗外、永井荷風、谷崎潤一郎、北原白秋、小山内薫、木下杢太郎、高村光太郎、等、実に錚々たる顔ぶれが並んでいる。が、経緯からすれば、この「カフェ」は知識階級にいわば占有される高級なクラブに変わっている。

このカフェ「プランタン」につづいたのが、同年十二月、銀座に開業し、ブラジルコーヒーを謳うカフェ「パウリスタ」である。パウリスタは、コーヒー一杯が五銭であった。これにたいし、その一杯が、カフェ・プランタンは三〇銭であったと云うから、これに商機をかけた並々ならぬ思いが目にみえる。その路線は功を奏し、銀座店には、朝九時から夜十一時まで、多い時には四〇〇〇杯ものコーヒーが出たという。(15)

パウリスタは、さらに大正二年十月、株式会社となって全国展開をなしている。パウリスタに投入された商業資本は、文化事業と繋がって、資しようとするものがあった。「有楽座」は、明治四一（一九〇八）年、有楽町に建てられた日本初の西洋式劇場であり、翌年十一月に市川左団次と小山内薫の主宰する劇団「自由劇場」の公演をみる。大正時代のその広告に、「有楽座のお歸理には是非カフェーパウリスタへお立寄りを願ひます」と書かれている。(16)

道頓堀のカフェ

こうした東京に始まるカフェは、やがて大阪に伝わる。道頓堀に誕生する「カフェ」は、奇《く》しくもパリのカフェ「プロコープ」に似た、劇場との結びつきという、その誕生の成り立ちと重なる。「カフェ」は、芝居街《しばいまち》道頓堀に立つ。楠瀬日年は「其頃の道頓堀」につぎのことを書いている。(17) それは、明治の終りか大正の初めの頃、ある夏の夕方であったと云う。

かれは、T（鶴丸梅太郎と思われる）とA（足立源一郎のこと）と三人で、心斎橋から道頓堀を歩いて、戎橋の欄干に凭れ、一息つく。辺りを見廻して、見当たらない「休み場所」から、話はコーヒーに及ぶ。一人がいう、「東京にメエゾン・鴻の巣が出来、さらに最近カフェー・プランタンが銀座に出来たんだ。それに大阪にさうした店が只の一軒もないとは不都合だと思はないかい、何とかして店の一軒でも出来ぬものかなア」。

これに応えて、Aが道頓堀界隈にカフェを建てることを考え、二カ月目に中座の前の芝居茶屋を買って、カフェの建設に至るのである。「キャバレー・ヅー・パノン（旗の酒場）」はこうして誕生した。「白堊塗りの二階建は瀟洒に見えて、尖つた屋根や二階の窓の欄干には三角旗がひらめいて、窓硝子は其当時道頓堀には只の一軒も見なかつたステンドグラスが這入つてゐて、兎にも角にも道頓堀中で一番目を引く店となつた」のである。

楠瀬日年の記憶にしたがえば、「キャバレー・ヅー・パノン Cabaret・De・Pannon（旗の酒場）」を企画したのが足立源一郎、そのステンドグラスを作ったのがT（鶴丸梅太郎と考えられる）である。「趣味の手工藝　グラス・モザイクの製作法　ベニス工房　鶴丸梅太郎」、と付した記事が残されている。[18] 鶴丸梅太郎は、こう当時を振り返っている。[19]

その時分には東京では洋画家の松山省三氏のプランタン（銀座、明治四十四年）や鴻の巣（日本橋小網町、明治四十一年）などで北原白秋、木下杢太郎、吉井勇、木村荘八、平岡権八郎や死んだ岸田劉生の諸氏などが集つて、パンの会だの何だのと自由な会合が開かれて、吾々を羨望さしたものだ。それに当時仏蘭西から帰つた人達に巴里のマロニエの樹下のテラスで一椀のコーヒ、一杯のコニヤックで暮れかぬる永いツワイライトを楽しんだ話などを聞かされて、エキゾチックな憧憬をもつてゐた。

図2　『道頓堀』創刊號（大正8年4月1日）

これを遡る『道頓堀』創刊號（大正八年四月一日、十一日）（**図2**）に「カフェと気分」と題する、次の記事がある。道頓堀の情感が綴られる。

> 道頓堀のカフエーの氣分と云ふ事に、各カフエーなり「バー」なりに依つて異なるが、大体に於いて、道頓堀に於けるカフエーの氣分は到底浅草邊りのカフエーの氣分（と）は比較にならぬ程情緒の

あるものがある。

若し川に面したカフエー、例えば「キヤレツ（キヤバレー）ヅ、パノン」なり「パリスター（パウリスタ）」なり「インペリアル」なりに於いて、其の一席を占めて彼《か》のドス黒い墨を流したような水の上に、夕暮れから浮かんで来る淡い電燈の光を見やりながら一杯のコーヒーをすゝる時のデカタンスな氣分は、道頓堀に於てでなければ味はれぬ、カフエー氣分である。

「キャバレー・ヅー・パノン（旗の酒場）」（大正三年頃）

道頓堀のカフェがいったい何であったか。ありし日の「キャバレー・ヅー・パノン（旗の酒場）」はこれを語る。[20]

白堊の三角形の瀟洒なファサード、入口には濃緑に黒の椽（垂木の意味）をとつたベルベットの重いリドーに燦爛たるステインドグラスが映つて鴻の鳥の気取つたランタン、パネルにはトランプが並び、冬はピンク夏はヴエー・ド・コバルトの立縞のウオールペーパーにビヤズレーのサロメの版畫が細い金椽に黒と白の対照を造つてゐる。ブラン・ディヴオアルの卓子にはピンク色の足、黒い椅子、色にも形にもセセツシヨン風の花が咲いて、ローマンチツクな燈火がビユフエの多彩な酒瓶にかゞやく、そこには青い灯赤い灯の爛れた世紀末な廃頽した空気と、黛を引いて唇を彩つた女はいなかつた。銀灰色の冬の黄昏に寒い沖から鷗が上つて來て水の上に白い翼を翻し、堀に面した欄からパンの小片を投げると水に下りて来た。

芝居に灯が入つて行人の下駄の音が冴える時分は未だ珍しかつたユンケルのセセツシヨン風なストーブの圍りに凝つて出した熱いコーヒーを飲み乍ら長い夜話に更かした。前の芝居から中幕の古い歌舞伎の世界をぬけ出して、幕あきの木がなるまでこの明るい空気の中へ女などをつれて飲みにくる人達もあつた。

對岸の柳が水に近く垂れ茂つた夏には、流れを隔て、欄による舞妓の夏姿や、黒い水の上のボートの灯の流れを眺めてはソフアーによつてポンチを飲みカクテルのオリーブの實を噛み乍ら見ぬ巴里のカフエーを呼吸したものだつた。

當時の画家、文士、音楽家、俳優若い実業家などの新人が歙然《きゆうぜん》としてこゝに集まつた。（……）それ程清新な、しつくりした、我々の楽園でもあり、ユートピアでもあつた。（……）……旗の酒場の情趣は、他の追随を許さなかつた。

図3　カフェーパウリスター（『道頓堀』広告，大正9年2月1日）

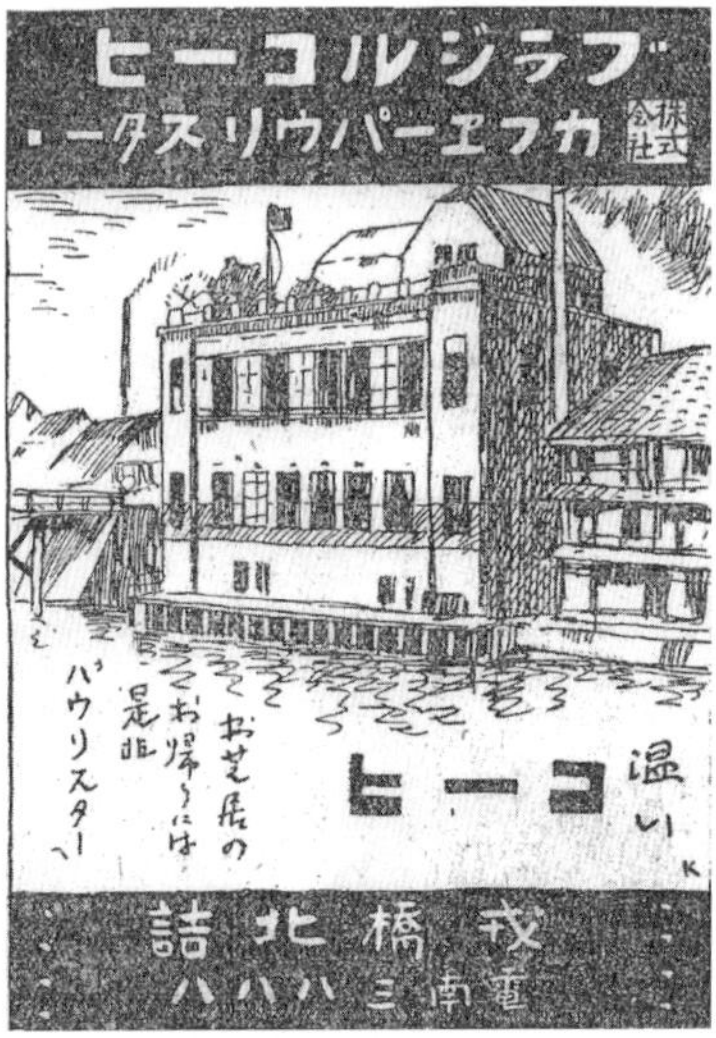

図4　パウリスタ・ステンドグラス（元西宮甲陽園，作者不詳，大正8年，現日伯協会保存，神戸市）

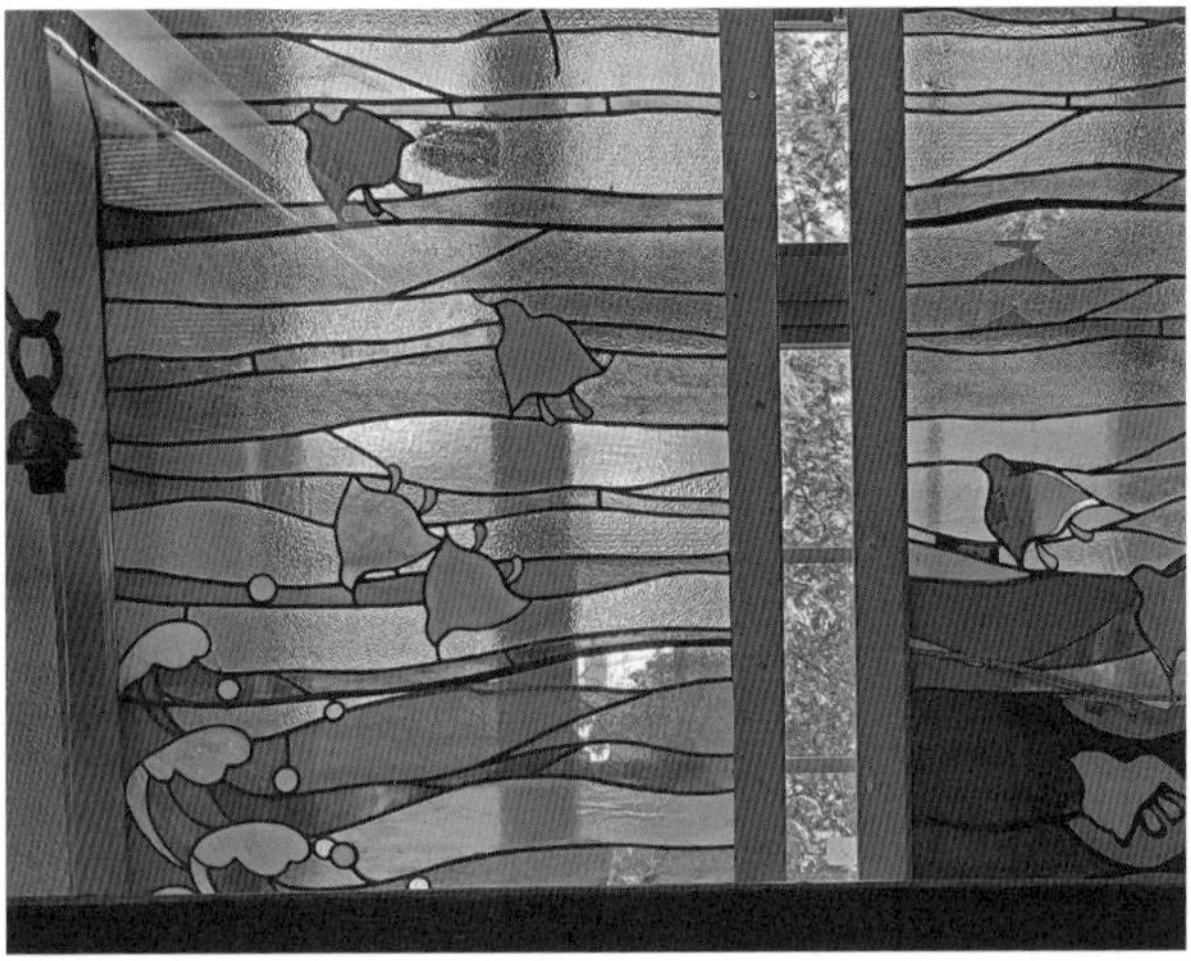

図7　内部階段手摺り（同）

図5　ステンドグラス1（同）

図6　ステンドグラス2（旧足立源一郎自邸内部，大正8年，現中村家主屋，奈良高畑）

道頓堀にあって、カフェ「プランタン」にはなかったもの、それは、道頓堀川と一つになる、芝居街《まち》の情感とそこにみるカフェ気分、そして、「歙然《きゅうぜん》として集まつた」、当時の画家、文士、音楽家、俳優、若い実業家などのその「楽園」であり、その「ユートピア」であった。

道頓堀のカフェの一広告は「お芝居のお帰りにはぜひパウリスターへ」と書く（図3）。幸いにも、パウリスタ別店の面影を伝えるステンドグラスが遺されている（図4）。

大正三年頃に造られる「キャバレー・ヅー・パノン（旗の酒場）」の室内には「其当時道頓堀には只の一軒も見なかつた」「燦爛たるステインドグラス」が飾られる。そのステンドグラスは鶴丸梅太郎の作と考えられる。幸運にも、鶴丸梅太郎が作したと推察される旧足立源一郎自邸（大正八年）のステンドグラスが、当時のまま、奈良高畑に遺されている[21]（図5、6）。ステンドグラスと階段手摺りのアラベスク（図7）は何ともエキゾチックな情調を醸し出している。われわれは、今は無き道頓堀のカフェを飾ったそのステンドグラスをここに偲ぶことができる。

明治四十五年一月二十六日に開店した道頓堀のパウリスタの店内は「学術講演会」や「句会」「歌会」「詩会」などの会場にもなったと云う。[22]因みに、その代表的なものとして、大正三年二月七日に初めて開会を見た「大阪文芸同好会」があった。[23]

「キャバレー・ヅー・パノン（旗の酒場）」と「パウリスタ」にみる、コーヒーと社会との結びつきは、その形式を違える。が、その二つのカフェは、日本近代の都市社会において、新たな役割を担ったことは確かである。前者は、近代的な都市の一精神を誕生させ、後者は、新たな文化的社会形式をその都市に見たといえよう。

「パンの会」とエキゾチシズム

遡る明治四十（一九〇七）年の夏、「明星」新詩社の与謝野寛（鉄幹）三十五歳、太田正雄（木下杢太郎）二十三歳、北原隆吉（白秋）二十三歳、吉井勇二十二歳、平野久保（萬里）二十三歳の五名が九州に旅する。明治末に「南蛮」にたいする異国趣味が起こるのは、この偶然の機会からであると木下杢太郎は後に語っている。この旅行から帰って、木下杢太郎は「南蛮寺門前」を、北原白秋は『邪宗門』を書く。二つの作品には異国の情調が滴るが如く見事に表現されている。

木下杢太郎は、鷗外の酷評にたいして、「日本の戯曲に未だかつて存在して居なかった情調」[24]を「南蛮寺門前」にいう。この「未だかつて存在して居なかった情調」とは異国の情調、すなわちエキゾチシズムに他ならない。翌年の明治四十一年、彼は、新詩社を脱会し、北原白秋等と「パンの会」を発足させる。「パン」とはギリシア神話の音楽、舞踊を好む「牧羊神《パン》」

のことである。国家のそれでない、もう一つの欧化主義運動が始まる。

和辻哲郎は、谷崎潤一郎等と連れ立って、山の浅い、鍔の恐ろしく広い、へらへらした紫の天鵞絨《びろおど》の帽子よろしく、お手盛りのエキゾティックな風体にて、『新思潮』のデモンストレーションをなし、「パンの会」に参会する。会は、北原白秋の詩、「空に真っ赤な雲のいろ。玻璃《はり》に真っ赤な酒の色。なんでこの身が悲しかろ。空に真っ赤な雲の色」を一同が唄って、散会したと云う。明治四十一年に始まった「パンの会」は、明治四十三年に最盛期を迎え、同四十五年の春に酒宴の場となって、幕を閉じ、時代は大正へと移る。

明治四十三年、和辻哲郎は『新思潮』に「飜案劇の価値」として「日本人が西洋人に扮して芝居をするのはおかしいといふ人があるが、私たちの要求するのは日本人が全然西洋人の擧動を真似るといふことではない。西洋人に扮するのは唯そこにエキゾティッシュな空気を出せばそれで好いのだ」と書いている。[25]

かれは両者の文化が持つ微妙な違いを見ている。その狭間《はざま》に現われる、いわく言いがたい一情趣こそ、「エキゾティッシュな空気」に他ならない。和辻のこの見方において、見えてくるものは、文化が、概念的というより、じつのところ、或る身体感情というべきものに深く根ざしているということにあろう。これに違わず、構想を温めてから八年後の昭和十年、和辻哲郎は自然風土に根ざす身体的な一文化論とも言い得る『風土』を上梓している。

カフェのエキゾチシズム

こうしたことを考えてみるとき、カフェは、じつにこの「エキゾティッシュな空気」と結びあって、時代を画する新たな精神世界への通路を開いたといえる。木下杢太郎がいう「未だかつて存在して居なかった情調」はまさにこの精神の黒い液体と一つになっていよう。足立源一郎の奈良の旧宅に見る細工は、そのエキゾチシズムをみごとに表わしている。カフェはまさに明治末から大正期の文芸運動に連なる精神の意味を持ったのである。

道頓堀のカフェの当時の姿が伝わる。(26)

道頓堀のカフェーに集まる所謂《いわゆる》常連なるものを或る人が色別して曰《いは》く『旗《はた》の酒場《さかば》』は危険思想家『サンライス』は不良青年『パウリスタ』はブローカーに新聞屋「アイオイ」は番頭《ばんとう》さん、「ライオンバア」には新劇《しんげき》の役者といふ一體《たい》「パノン」に集る連中は文学や美術を研究してゐるものが多《おほ》い、従つて文藝談《ぶんげいだん》に花が咲き、政治のことなどを藝術的に批評したりし合ふので一寸見《ちよつとみ》には危険思想家の巣のやうに見へるらしい。ところが實際は無邪氣な非現實的なことばかり談し合つてゐる。彼等に云はせるとそれは「道頓堀の雑音が頭脳に影響し、人をして一種の痴呆情態に陥らしめ、退屈に變化し疲勞と倦怠が襲來して、饒舌を作り、その饒舌の推移が神《ゴッド》よりゴリラ、ゴリラより神《ゴッド》に至るまでの人生觀を形成せしめて、更にまた饒舌を強める、そして數人の饒舌《けうぜつ》は一種の熱を発散してそこに人生にあつては稀《ま》れにしか見ることを得ない、或るクライマックスの歡喜《かんき》を覚《おも》江しめるといふのである。かうした話を聞けば彼等がパノンに集《あつま》つた時は創作の一つの間接動機ともなり一種の潜勢力《せんせいりよく》ともなるので創作の間の休息でもあり、また生活の一必要條件でもあるといふことがわかる。そして彼等《かれら》は自《みづ》から稱《せう》して亞悟哥呂連《アゴコロれん》といふ、アゴコロとは亞心《あしん》だとサ。

（『道頓堀』大正八年七月一日）

「キャバレー・ヅー・パノン（旗の酒場）」に「歙然《きゆうぜん》として集まつた」、当時の画家、文士、音楽家、俳優、若い実業家たちは「アゴコロ連」とみずから称したのである。亞心《あしん》たる「アゴコロ」は、「人生にあつては稀《ま》れにしか見ることを得ない、或るクライマクスの歡喜《かんき》」をも覚えせしめる。その心は、いわば、創作の或る気分でもあり、生活を成り立たしめる一条件としてもあると云う。そこに生まれているものは、ひと言でいえば、実《じつ》の生に見る想像力の一世界である。

カフェの常連は、まったく新たな精神の場を道頓堀の世界に知《み》る。繰り返していえば、異郷的な趣向における覚醒的な神経の興奮は、別乾坤の世界への雄飛を、あるいは現実を否定的に媒介して超越するがごとく新たな世界への跳躍を、なさんとする。カフェのエキゾチシズムにみるこの有りようは重要なものである。そこにいう、アゴコロたる亞心はこの世界に通じていよう。

ゲオルグ・ジンメルの「社交」

十四世紀前期に書かれた吉田兼好の『徒然草』は、中世随筆の白眉とされ、世事万端に及ぶその省察は、なお今日に届くものをも持っている。兼好は第百四十一段につぎのことを書いている。[27] 徒然草のこの一段は、十四世紀前期の都にみる「社交」的精神の一現われを垣間見せる。

「吾妻人《あづまうど》こそ、言ひつる事は頼《たの》まるれ、都の人は、ことうけのみよくて、実《まこと》なし」と言ひしを、聖、「それはさこそおぼすらめども、己《おの》れは都に久しく住みて、馴《な》れて見侍《みはんべ》るに、人の心劣《おと》れりとは思ひ侍《はんべ》らず。なべて、心柔《やはら》かに、情《なさけ》ある故《ゆゑ》に、人の言ふほどの事、けやけく否《いな》び難《がた》くて、万《よろづ》え言ひ放《はな》たず、心弱《よわ》くことうけしつ」。

現代語訳にしたがえば、「関東地方の人は、一度口に出したことは信頼できるけれども、都（京都）の人は、承諾の返事だけよく、実がない」と言ったのを、上人は「あなたは、そうお思いになられるようですが、私は、永く都に住んで、身近に見ていますと、都の人は、心が柔和で、人情があついので、きっぱりといやと言うことがむずかしくて、万事に言い切ることができず、気弱く承諾の返事をしてしまうのです」という。

ゲオルグ・ジンメルは、著『社会学の根本問題[28]』のなかで、「社交」について述べている。その社交論は人間関係の遊戯性を見事に捉えている。かれは、第一に、社会が内容と形式に区別できること、第二に、社会そのものは、それぞれの個人間に交わされる相互作用を意味するという。この相互作用的な関係において、それぞれの個人が或る統一体となって「社会」になるのである。この相互作用の受容が生じるものをジンメルは、社会化の内容、その実質としている。要するに、人間的な事柄、飢餓、愛情、労働、信仰、さらに技術や知性といったことが、相互協力や相互援助の一形式を獲得した時、そこに初めて社会化が果たされるのである。

因《ちな》みに、今日の世界の状況、とりわけ自己目的化した科学の進歩を目の当たりにするとき、ジンメルのこの視点には、今、揺るぎないものがあろう。

ジンメルは、社会生活における本当の「社会」とは相互作用的な協力、援助、対抗のことであるとし、そこに現われる遊戯的な諸形式こそが、社交に他ならないと云う。つまり、何らかの目的的な観念によって結び合わされた社会が一「社会」であるにしても、そうした直接の目的から離れる、いわば遊戯的な「社交的社会」こそ、純粋の「社会」であるという。

現実との直接の結びつきは、遊戯性に障害となる。ジンメルによれば、個人の富や社会的な地位、学識や名声、特別の能力や功績、これらのものが社交において役割を果たしてはならないのであり、社交における人間は「純粋な人間」を以てその形式に入ることが大切なのである。社交は唯《ただ》相互作用を以てのみ成立するのであり、ジンメルにしたがえば、それは「すべての人間が平等であるかのように、同時にすべての人間を特別に尊敬しているかのように、人々が『行う』ところの遊戯である[29]」。

こうしたことから、社交においては話すこと自体が目的になる。つまり、そこにおいて、話すこと、それだけが楽しまれる。そのことは、社交のみが持ちうる重要な性質であると彼はいう。この点だけから見れば、社交は、真実ではない一種の戯画といえるものに近づくのであるが、その源泉には、しかしながら、単に形式ではない、人間の活動、その感覚や魅力、彼らの深い衝動や信念がなければならないとジンメルは述べている。

つまり、社交は、生活のリアリティと結びつきながら、そのリアリティとは全くスタイルの異なった織物を紡ぎ出すと彼はいうのである。社交のその遊戯性において、現実のリアリティは、いわば遠景となって、その重々しさが雲散霧消され、或る魅力を帯びて再現される。

因《ちな》みに『徒然草』にいう都の人の「ことうけのみよくて、実なし」は、見方を換えれば、現実のリアリティーから離れるこの社交の一つの姿を示しているようにも見える。その在りようは、社会学的に見れば、すでに都市的なものといえよう。

ジンメルの『社会学の根本問題』は、人間の社会関係における遊戯性において、その要《かなめ》を捉え得た著作である。一九一七年に上梓されるジンメルのこの著作は、「社交」について、筆頭をなす論考であろう。この社交論が示す重要な一点は、社交が、世俗的な現実から離れた一世界に、その成立を見ることにあろう。社交のこの非日常性こそが、社交を真に社交たらしめる。

茶室

こうしたことを考えてみるとき、われわれは、この非日常性に見る、伝統的な社交の一成立として、茶の精神を見ることができる。あるべき社交は、現実世界とは異なる別世界において生まれる。この別世界性を示す一つのものが茶室に他ならない。

通事《つうじ》伴天連《ばてれん》ジョアン・ロドリーゲスの日本滞在は一五七七年から一六一〇年に亘《わた》っている。日本を去った一六二二年、彼はマカオで脱稿した『日本教会史』につぎのことを書いている。(30)

この都市（堺）にあるこれら狭い小屋（茶室）では、たがいに茶 châ に招待し合い、そうすることによって、この都市がその周辺に欠いていた爽やかな隠遁の場所の補いをしていた。むしろ、ある点では、彼らはこの様式が純粋な隠遁よりもまさると考えていた。というのは、都市そのものの中に隠遁所を見出して、楽しんでいたからであって、そのことを彼らの言葉で、市中の山居 xichû no sankio といっていた。それは街辻の中に見出された隠遁の閑居という意味である。

ジョアン・ロドリーゲスのこの記述は、都市の只中に山里の佇まいを求めた堺町人の茶湯の世界を伝えている。「侘び茶」の創始者とされている村田珠光（一四二二—一五〇二）は「月も雲間のなきは嫌にて候」の言葉を遺す。村田珠光は、皓々と輝く月よりも、雲のかかる月の味わい深さをいうのであり、その言葉は「侘び茶」の美意識を伝えるものとして余りにも有名である。

珠光のいう雲のかかる月は、心敬（一四〇六—一四七五）が連歌に語る「連歌ハ枯カシケテ寒カレ」に通じている。[31] 茶の世界は、心敬の連歌論にその美の源泉を見たといえる。いわゆる「冷え枯れ」た景趣の美である。

その歌論は、茶室の美へと受け継がれて「草庵の侘び茶」となる。茶室は、連歌の遊戯形式、連歌の歌論から引き継がれた「冷え枯れた」美、「市中の隠」[32]を、一つにして結実する。一四八六年、足利義政（一四三六―一四九〇）によって建てられた、貴重な遺構、「東求堂」の四畳半に掲げられる扁額「同仁斎」は、平等に、同じ仁《いつくしみ》を以てなす斎（室）を表して、茶室の一起源とも云われる。

こうしたことを考えてみるとき、茶室には、ジンメルのいう社交の条件、メンバーの平等性とその等価な相互関係に見る遊戯性が見事に成立しているといえる。『山上宗二記』（一五八八）の「上を麁相《そそう》、下を律儀に、信在るべし（地位の高い人は粗末に、低い人はていねいに。すなわち、身分や地位にこだわらず、平等にもてなすことを信念とせよ。）[33]」の言葉は、これを明らかにして、さらに「茶の湯には、座敷・路地・境地、勿論。竹木・松在る所、並びに畳直《じか》に敷く事。（野点の場合のこと。いずれも茶湯を催すのに向いている、の意）」と書かれている。[34]

千利休は、露地について、「露地（路地）はただうき世の外の道なるに、こころの塵をなどちらすらん」と詠んでいる。[35]露地は、遁世の道のりを象徴的に現わし、世俗を離れる仕掛けとなって、市中の山居に到る。その山居に「客人ぶり（客としての心構え、態度）事、一座の建立に在り」と『山上宗二記』に記される。[36]茶席の座に集まった客人たちが心を一にして茶会が生まれる。

その茶席に、「茶の建前（点前）は無言」と宗二記は書く。[37] 悟性的な理性ではなく、受容的な言語以前の深い心持ちが一座の茶に求められる。以心伝心の世界がそこに現われるのである。八世紀、唐代に遡れば、「茶の効用は、味が至って寒《かん》（沈静）であるから、行ない精《すぐ》れ倹《けん》（つづまやかな控えめな徳）の徳のある人の飲むのにもっともふさわしい」と『茶経』に記される。[38]

茶の世界にみるこうした無言の精神性にたいして、ジンメルは、社交における言語の第一義性をいい、そのはたらきを実生活上の内容にではなく、会話の自己目的性、いわば「話を楽しむ芸術」性に求める。[39] われわれは、西洋的なものと東亜・日本的なものという、この二つの文明の前に立つ。

カフェの異郷

この二つの文明のあいだに橋渡した一つのものこそ、珈琲（コーヒー）なのである。カフェは、茶室に見る遁世の場所的逃避にたいしていえば、異郷的な一世界性をひらく。カフェに見るエキゾチシズムはまさにこの世界へと誘う。われわれは、明治末から大正に亘《わた》る、青年群像の憧憬した異国情調の真の意義を知る。その異国情調において現われ出た「市中の市居」の一つこそ、今一度、繰り返せば、道頓堀の「キャバレー・ヅー・パノン（旗の酒場）」に「翕然《きゅうぜん》として集まつた」、当時の「画家、文士、音楽家、俳優、若い実業家たち」、「アゴコロ蓮」であったのである。茶室に見る「市中の山居」は「市中の市居」へ、茶室に見た「以心伝心」は、カフェにみる「以言伝思」へと代わる。日本の近代は、この新たな文明の経験を、青年群像の憧憬的異国情調、そのエキゾチシズムにおいてなしたといえる。

カフェと広場

少し視点を換えて、共同体としてのカフェに触れておきたい。パリの都市の魅力の一つは、何と言っても街に開かれたオープン・カフェである。それらのカフェは、その街並みと一体になっている。パリのみならず、西洋に見るカフェは、いわゆる広場と繋がって一つになっている。

カフェの広場は、単に空《から》の都市の場所ではない、それぞれの歴史が深く刻まれている。人々は、そこに見る精神の意味を共有し、互いの心持ちを通じ合わせている。有名なものを挙げてみれば、ベニス、サン・マルコ広場のカフェ・フローリアン（一七二〇）（図8、9、一九九四年、九月）、スペイン広場（ローマ）に繋がるカフェ・グレコ（一七六〇）、パリ、サン＝ジェルマン＝デ＝プレ教会とカフェ・ドゥ・マゴ（一八八五）など、である。

図 8　カフェ「フローリアン」正面，ベニス

図 9　同，店内にて（左から故酒井諄相愛大学名誉教授，筆者，故木下邦夫相愛女子短期大学元教授，1994 年 9 月）

図 10　カンポ広場，「各コントラーダの行進」（シエナ，1585 年頃，絵葉書による）

カフェは生きた精神の意味を今日に継いで建っているのである。広場の塔はこの一シンボルとなる。イタリアのシエナ、カンポ広場の塔はこのことをよく表わしている（図10）。絵は、シエナの各地区（コントラーダ）の広場の行進を描いている。カンポ広場には、カフェは、見当たらなかったのであるが、西洋のカフェは、いわばこうした場所に陣取って登場する。ひと言でいえば、カフェは、或る共同体においてその成立を見たのである。

市中の市居

日本には伝統的な茶の文化があり、「市中の山居」をなす茶室の脱俗性は、都市から逃避する。日本のカフェは、こうした茶の遺風を受けて、「喫茶店」と呼ばれ、西洋的なものとは違った趣きを見せている。それは、社会に開かれた場所というより、他者に閉じられた内輪の場となっているように見える。

われわれは、こうした内輪の「喫茶店」にたいする「カフェ」の誕生を道頓堀のカフェに見たのである。道頓堀のカフェは、茶室の「市中の山居」にたいして言えば、「市中の市居」をなす。これを可能にしたものは、近世を引き継ぐ芝居町であり、そこに流れる道頓堀である。つまり、共同体にみた西洋の広場のカフェと同様な趣をもつ、新たな都市の文化がそこに誕生したといえよう。

しかしながら、関東大震災（一九二三）による混乱と昭和に見る戦時体制への傾斜は大正期にみるこのカフェの開花を摘み取った。また、カフェの商業的経営と文化事業の両立は難しく、道頓堀の「パウリスタ」は、大正十三年、「ダンスホール・パウリスタ」[40]と化し、ついに昭和二年、営業停止となる。

また、「キャバレー・ヅー・パノン（旗の酒場）」も株式会社となって、大正九（一九二〇）年に新館を建築するも、経営難となって人手に渡る。かつてのパノンはここに消滅したのである。[41]が、その残影は、今、紛れもなくエキゾチシズムの放つ一光彩としてあろう。昨日のごとき、その時からすでに一世紀が過ぎる。われわれはその光彩の只中に結実した新たな市井の一社会形式をこそ見なければならぬ。

都市は利益社会を超えて、なお共同体性をみずからに持たなければならないのである。カフェは、そこに立つ。利益を目的としない直接的な人間同士の関係を喪失して、社会は真の意味で成立しない。カフェは、この新たな社交空間を担うその市井の場としてもあろう。そのことは、また、過度に利益社会に傾いた今日の社会の在りようを考えて見れば、なおさらのこととしてある。

カフェは、共同体において真の成立があるとすれば、カフェに問われるものは、一つには、そうした共同体のシンボル、あるいはその拠り所である。とすれば、カフェは、茶室の内的な面持ちでない、いわば外的な一景趣において、「市中の市居」を目に見えるものにする、その共同体の依って来たる所以《ゆえん》を一つの要としなければならない。それは、時に、歴史のモニュメントであり、その歴史を刻んだ自然、川の名であり、山の名でもあろう。近代は、またその歴史において、まさに成立している。われわれは、抽象的な無味乾燥の空間にではなく、歴史の経験を継承する、その突端に在って、なお分かち合うものがあろう。平たく言ってみれば、そこには、お互いに、それとなく通《かよ》いあう、あるいは通《つう》じあう、或る心持ちがなければならぬ。

今、阪神間を例に取れば、そうしたカフェの拠って立つ所は、近世・近代の大阪を引き継ぐ文化の延長として、あるいは神戸港が開いた異国の文物の地として、さらには遥か古代の文化をさえ、今日に伝える六甲の山並においてあろう。阪神間のカフェは真に生きる一つのものをそこにもとう。

最後に

筆者と阪神間における大阪との出会いは、じつを言えば、奈良に構えた画家の一旧居と大阪府立中之島図書館にあった。大阪についての筆者の考察は、いわばそこに始まったのであるが、今、連綿とした人の所縁に思いを馳せながら、引用の文献について最後に触れておきたい。

その主なものは『道頓堀』、『建築と社会』、『上方　道頓堀變遷號』などである。希少な『道頓堀』は、橋爪節也氏が、古書市でその一つを偶然目にして、手にしたと、編著『モダン道頓堀探検——大正、昭和初期の大大阪を歩く』に記される。その『道頓堀　第十八號』は叶わなかったのであるが、この正鵠を射た記述を得て、その一號から十三號まで、関西大学の千里山新図書館に蔵書があることが分かり、筆者は、この稀有な大正期の雑誌と相見《あいまみ》える幸運に浴することができたのである。古書市にその一を見出され、道頓堀の往時の様を見事に刻印したこの希少な書誌の紹介は、汎《ひろ》く大正期の真底《しんそこ》の大阪を啓発するものであることは、論を俟たない。

また、「パノン異聞（『モダン道頓堀探検』）」に、著者が「肥田先生から貴重な資料（楠瀬日年の「其頃の道頓堀[42]」を頂いていることを思い出した」というその先達、肥田晧三ありし日の風貌を、柏木隆雄、大阪大学・大手前大学名誉教授が『やそしま　第十五号[43]』の追悼文の一に寄せられている。

仏文学者・柏木隆雄名誉教授は、その「博大な知識と記憶、そして膨大な書籍蒐集[44]」に賛辞惜しまず、肥田の著作、『肥田せんせいのなにわ学[45]』、『再見なにわ文化[46]』、『藝能懇話[47]』の嘆賞、極に及んでいる。

この稀代の書誌学者によって命名される、「旗の酒場放浪時代[48]」に、今一度、想いを馳せながら、拙文の擱筆としたい。

注

（1）佐野利器『住宅論』、文化生活研究會、一九二五年。
（2）同書、九三頁。
（3）同書、九四頁。

（4）　同書、九四―五頁。
（5）　西山卯三『これからのすまい――住様式の話』、相模書房、一九四七年。
（6）　同書、一九五―六頁。
（7）　ブルクハルト「社交と祝祭」柴田治三郎訳、『イタリア・ルネサンスの文化　一試論』所収、柴田治三郎責任編集、中央公論社、一九七九年、三九七頁。
（8）　ジョヴァンニ・デッラ・カーサ「ガラテーオ」池田廉訳、『原典　イタリア・ルネサンス人文主義』所収、池上俊一監修、名古屋大学出版会、二〇一〇年、八五九―九二一頁。
（9）　川田靖子『十七世紀フランスのサロン』、大修館書店、一九九〇年、二一頁。
（10）　目加田さくを・百田みち子『東西女流文芸サロン――中宮定子とダンブイエ侯爵夫人』、笠間書店、一九七八年（昭和五十三年）、二〇一頁。salon はサローネ（客間）salone（伊）に由来。
（11）　白井隆一郎『コーヒーが廻り世界史が廻る』、中公新書、一九九二年、九一頁「スレイマン・アヤ」：ウィリアム・H・ユーカーズ『ALLABOUT COFEE コーヒーの全て』山内秀文訳・解説、KADOKAWA、二〇一七年、七六頁。「ソリマン・アガ」の二つの記述があり、ここでは「スレイマン・アヤ」にしたがった。
（12）　白井隆一郎『コーヒーが廻り世界史が廻る』、前掲所、一〇三頁。
（13）　王冰「コーヒーの漢字表記・宇田川榕菴《ようあん》」、『Isotope News』、二〇一八年六月号、No.757（量子科学技術研究開発機構　放射線医学総合研究所）による。
（14）　この点について、批判的な論考、田野村忠温「音訳語『珈琲』の歴史」（『阪大日本語研究三三』所収、二〇二一年）があり、この音訳語「珈琲」を宇田川榕庵とすることに疑義を挟んでいる。
（15）　長谷川泰三著『日本で最初の喫茶店「ブラジル移民の父」がはじめた――カフエーパウリスタ物語』、文園社、二〇〇八年、五四頁。
（16）　同書、五九頁。
（17）　楠瀬日年「其頃の道頓堀」、『日本美術工芸　特輯　大阪の今昔』所収、一九四七年（昭和二十二年）、九月号、五五―八頁。

（18）『住宅　第百八拾號』、一九三一年（昭和六年）十月一日発行、六二―三頁。
（19）鶴丸梅太郎「道頓堀のカフェー黎明期を語る」、『上方　道頓堀變遷號』所収、一九三二年（昭和七年）、三九―四〇頁。
（20）鶴呆二「ありし其の頃のパノン」、『建築と社會』（第拾貳輯、第三號、「レストランとカッフエー特輯號」）所収、一九二九年（昭和四年）三月一日、六〇―一頁。
（21）足立源一郎旧宅、一九一九年（大正八年）築、現中村家主屋、奈良、高畑。
（22）同書、一一三―九頁。
（23）同書、一一四頁。
（24）木下杢太郎作『南蛮寺門前・和泉屋染物店』、山本二郎解説、岩波書店、一九五三年、一七九頁。
（25）「飜案劇の価値」、『新思潮　第三號』所収、一九一〇年（明治四十三年）十一月一日。
（26）「カフェーの常連《ぜうれん》　アゴコロ連」、『道頓堀　大正八年七月一日（一九一九年七月一日）、第五號（十）』。
（27）新訂『徒然草』、西尾実・安良岡康作校注、岩波書店、一九八五年（改版）、二四七―九頁。
（28）ジンメル著『社会学の根本問題　個人と社会』、清水幾太郎訳、岩波書店、一九七九年。
（29）同書、八〇頁。
（30）ジョアン・ロドリーゲス『日本教会史　上』、大航海時代叢書、岩波書店、一九九一年、六〇七―八頁。
（31）林家辰三郎「解説」、『古代中世芸術論　芸の思想・道の思想2』所収、古代中世の芸術思想、岩波書店、一九七三年、七三九頁による。
（32）『大日本古記録　二水記（四）』、編纂者、東京大学史料編纂書、岩波書店、一九九七年、九二頁。村田宗珠の「茶屋」を訪れた鷲尾隆康の日記（天文元年、一五三二年、九月六日条）に「山居の躰、尤も感有り、誠に市中の隠と謂うべし。当時の数奇の張本也」（読み下し文）と書いている。
（33）「山上宗二記」（茶湯者《ちやのゆしや》覚悟十体）、『日本の茶書1』所収、林家辰三郎・横井清・楢林忠男編注、東洋文庫二〇一、平凡社、一九七一年、二三五頁。
（34）同書、二三六頁。

(35) 原文は「露地ハ只ウキ世ノ外ノ道ナルニ心ノ塵ヲ何チラスラン」。「滅後」、『南方録』(久松真一校訂解題) 所収、淡交社、一九七五年 (昭和五十年)、三一八―三二〇頁。
(36) 『日本の茶書1』、前掲書、二四〇頁。
(37) 同書、二四一頁。
(38) 陸羽「茶経」、『中国の茶書』(布目潮渢・中村喬編訳) 所収、東洋文庫二八九、平凡社、一九七六年、四三頁。
(39) ジンメル著『社会学の根本問題　個人と社会』、前掲書、八四頁。
(40) 長谷川泰三著『日本で最初の喫茶店「ブラジル移民の父」がはじめた――カフエーパウリスタ物語』、前掲書、一二二頁。
(41) 橋爪節也編著『モダン道頓堀探検――大正、昭和初期の第大阪を歩く』、創元社、二〇〇五年、二三六―七頁。
(42) 楠瀬日年「其頃の道頓堀」、『日本美術工藝・特輯大阪の今昔』所収、一九四七年 (昭和二十二年) 九月、五五―八頁。
(43) 『やそしま　第十五号』、公財 関西・大阪21世紀協会、上方文化芸能研究会、二〇二一年、一四―三三頁。
(44) 同書、一四頁。
(45) 『肥田せんせいのなにわ学』、ＩＮＡＸ出版、二〇〇五年。
(46) 『再見なにわ文化』、上方文庫別巻シリーズ9、和泉書院、二〇一九年。
(47) 『藝能懇話　第二十号』、特集肥田晧三坐談、大阪藝能懇話会、二〇一五年。
(48) 橋爪節也編著『モダン道頓堀探検――大正、昭和初期の大大阪を歩く』、前掲書、二四〇頁。

初出一覧

「近代日本の『すまい』再考――人間関係から見た住居学」、『相愛女子短期大学　研究論集』四十二巻、一九九五年三月、五五―六二頁。

「日本のカフェ、西洋のカフェ――人間関係の空間学」、『相愛女子短期大学　研究論集』、四三巻、一九九六年、一一七―一二七頁。

「茶室を巡る考察――社交的事象の空間論」、『研究報告集』、大阪市立短期大学協会、第三八集、二〇〇一年、九四―一〇一頁。

「ヨーロッパの社交に関する考察――社交的事象の場所論」、『相愛女子短期大学　研究論集』、五〇巻、二〇〇三年、四九―五八頁。

「エキゾチシズムの時代――奈良高畑の遺産」、『白樺サロン　創刊号』、白樺サロンの会、二〇〇八年、一二一―一三八頁。

日本のコーヒー大衆化はブラジルコーヒーから始まった

細江清司

はじめに

日本にコーヒーが入って来たのは、長崎の出島というのが定説ですが、織田信長や豊臣秀吉も鉄砲をはじめとする西洋の文化に触れていたことを思うと、更に古い歴史であったかもしれません。

私の担当は、ブラジルコーヒーにまつわる歴史と、日本に大衆文化として根付かせたブラジルコーヒーを紹介することにあるので、日本におけるコーヒーの歴史は別の機会にします。とはいうものの、コーヒーがこの地球で発見された歴史には少しばかり触れておきたいので、この点から入ってみましょう。

コーヒーの起源

コーヒーの誕生には、さまざまな伝説がありますが有名なものを二つご紹介しましょう。
まずは、ヤギ飼いがコーヒーを発見したというお話。六世紀のエチオピアで、ある日、ヤギが赤い実を食べ興奮しているのを見たヤギ飼いのカルディは、不思議に思い、近くの修道院の僧侶に相談し、その実を食べてみました。すると、不思議なことに気分が爽快になったのです。これに驚いた僧侶は、修道院のほかの僧たちにも与えたところ、夜中の修行でも眠気が吹き飛ぶことが分かりました。それ以降、眠気覚ましの薬として飲用が始まったという伝説です。

もう一つは、イスラム教徒の僧オマールが発見したというものです。アラビアのモカ（現イエメン）の僧オマールは、領主の誤解によって町を追放されてしまいます。山中をさまよい、飢えていたとき、一羽の鳥が赤い木の実をついばんでいるのを見つけました。思わずこれを口にしたところ、不思議なことに飢えが癒され、疲労も消え、気分が爽快になりました。ちょうどその頃、彼を追放した領主の町では病気が猛威をふるい、人々を苦しめていました。そこで、オマールは、赤い実の煮汁を人々に与えたところ、奇跡は起き、町の人々は病いからあっという間に回復し、オマールは薬を発見した僧として崇拝されるようになりました。これが、もう一つのコーヒー起源伝説です。

どちらの伝説からも、コーヒーがただならぬ薬効を持った秘薬として始まったことが分かります。

図1　コーヒーを見つけた羊飼い（出典：『ALL ABOUT COFFEE』UCC 監訳）

図2　イスラム教徒の僧オマールがコーヒーを発見（出典：『ALL ABOUT COFFEE』UCC 監訳）

イエメンから東南アジア・オランダそして中南米ギアナへ

コーヒーは十五世紀にはイエメンで栽培されていましたが、苗木の持ち出しは禁止されていました。最初に持ち出しに成功したのはオランダでした。オランダ人は一六一六年にはセイロン島、ジャワ島に移植、そしてオランダ本国に持ち帰りました。一七一四年にはオランダからフランスのルイ十四世に献上された苗木が中南米の植民地に移植され、一七二二年に南米ギアナに移植されました。

そして、一七二七年にギアナからブラジルパラー州へと渡ったのが、ブラジルコーヒーの始まりです。一七三二年パラー州からポルトガル・リスボンに七五〇俵が輸出されます。これが最初のブラジルコーヒーの輸出でした。

ブラジルが世界最大のコーヒー生産国に

一七七〇年にはコーヒー栽培はサンパウロ州まで拡大し、ファゼンダと呼ばれる大農場が誕生、一八二〇年頃にはアフリカから黒人奴隷が労働力として導入され、ブラジルのコーヒー生

図3　ギアナからブラジル・パラー州へ渡ったコーヒー
（提供：UCC）

図4　たちまち世界最大のコーヒー生産国に。ミナスジェライス州にあるコーヒー農場
（出典：Wikipedia）

産は本格化していきます。十九世紀にイギリスで始まった産業革命の波はヨーロッパへ広がり、独立まもないアメリカまで飛躍的な経済発展をとげ、コーヒー需要は増大しました。一八七〇年代には世界のコーヒー総貿易量は九万トンに達し、ブラジルコーヒーはその半分を占めるまでになりました。二十世紀初めには世界の八〇パーセントを供給するまでに発展します。

奴隷制廃止とヨーロッパでの紛争

ブラジルコーヒーの発展の陰で一八八八年ブラジルの奴隷制は廃止され、コーヒー農園の労働者確保が問題になります。当初はヨーロッパ各国からの移民に頼っていましたが、出身国に何かあるとすぐに辞めて帰国してしまうなど、ブラジルはコーヒー農園の労働力確保に悩まされました。移民受け入れ対象をヨーロッパだけで無く、東南アジアにまで広げ、日本にも移民送出の打診が来るようになります。一八九二（明治二十五）年十月には日本人、中国人の移民も可とされ、一八九四（明治二十七）年、サンパウロ州プラド・ジョルダン商会の代理人チャーレス・アレキサンダー・カーライルが来日、吉佐移民会社に移民の誘致を申し入れました。しかし、当時はブラジルとの間に修好通商条約（一八九五年十一月五日締結）が未締結であり、移民誘致は実現に至りませんでした。カーライル来日直後の一八九四（明治二十七）年七

図5　コーヒー農園の主力労働力であった黒人奴隷

図6　天候に恵まれると大量の花を咲かせ大豊作

図7　霜害に弱いコーヒーの木

月、殖民協会の根本正が、外務省職員の身分でグアテマラ、ニカラグア、ブラジルの視察を行い、移民地として有望だとする手紙を殖民協会に送っています。ただし、このころはまだ、外務省は最下等な労働に従事しなければならないので、ブラジルは最適地とはいえないという慎重な姿勢をとっていました（一八九六（明治二十九）年の移民保護法案の議会審議における藤井三郎外務省通商局長の答弁）。

土佐丸事件――出航直前に中止されたブラジル移民

一八九七（明治三十）年一月に吉佐移民会社は、移民送出を実現すべく、社員の青木忠橘をブラジルに派遣し、プラド・ジョルダン商会との間で交渉にあたらせました。同年五月青木から仮契約締結に成功の電報があり、吉佐移民会社の事業を継承した東洋移民会社と在横浜のプラド・ジョルダン商会代理人との間で正式の契約が締結され、政府の許可も下りました。ところが、第一回移民一五〇〇人を乗せた土佐丸が神戸港を出発することになっていた同年八月十五日の直前になり、「財政上の恐慌に遇へる為め契約を中止した」との電報が入り、移民は中止となってしまいました（いわゆる「土佐丸事件」）。

コーヒーの木の特性

ここで少しコーヒーの木の特性に触れておきましょう。コーヒーの木は、一本の木に大量の花をつけ、花の数だけ実をつけるという特性があります。ところが、霜に当たるとすべての木が一晩で枯死するなど気候変動に弱いのです。このような特性から天候に恵まれると豊作で生産過剰に陥るなど、相場は天候に大きく左右されてきました。

土佐丸事件は、生産過剰による相場の暴落によるものであったと言われています。この土佐丸事件以降、珍田捨巳と大越成徳の二代の駐ブラジル弁理公使は、ブラジルへの日本人移民の送り出しに否定的な意見を持つようになったと言われています。一八九七（明治三十）年十一月、日本移民会社がリオデジャネイロのア・フィオリタ社との間で仮契約の調印にまで至り、次いで一九〇一（明治三十四）年八月には同社のサンズ・デ・エロルツ（Sanz de Elorz）が来日し、各地の移民会社に移民募集の申し入れをしましたが、いずれもそれ以上進展することはありませんでした。両公使が否定的な意見を寄せ、外務省はこれらを許可しない方針をとったためでした。

杉村公使復命書

一九〇五（明治三十八）年ブラジルに赴任した杉村濬《ふかし》公使は、着任に際し謁見した大統領や面談した大蔵大臣から相次いで移民の話を持ち出され、さらに出張したサンパウロ州でも日本移民への期待を感じ取りました。杉村は同年六月大至急でサンパウロ州が移民先としていかに有望かを詳しく説いたサンパウロ州視察の復命書を作成し、本省に送付します。杉村はこの復命書が国民に広くに読まれ、関心が南米に向くことを期待していました。全部完成してから一括して送ると、船便の都合で遅くなるので、完成した部分から船便ごとに送ることにしたという話から、杉村のはやる気持ちがうかがわれます。

この復命書は、その年の十一月には外務省通商局の海外通商情報誌である『通商彙纂』にまず掲載され、次いで年末には『大阪朝日新聞』に掲載されました。反響は大きく、地方の市町村から外務省に問い合わせが殺到し、同省では、「ブラジル行移民の件は調査中で回答が難しい」という文言の回答を印刷して準備するほどでした。新興の移民会社である皇国殖民合資会社の水野龍は、この記事を読んでただちに在日ブラジル公使館と外務省に相談に行き、十二月にはブラジルに向かいます。また、この記事を読んで直ちにブラジルに渡った人も何人かいま

図8　ブラジルが移住に最適と報告した杉村公使

図9　初めてのブラジル移住を実現した水野龍社長

した。その中には、家族を伴って渡った鹿児島県の弁護士隈部三郎という人物もいました（水野龍著『南米渡航案内』）。

皇国殖民会社による契約締結

皇国殖民会社の水野龍は、ペルーからチリ、アルゼンチン経由でブラジルに向かいました。船中でチリの硝石鉱山に採掘労働に行こうとしていた青年鈴木貞次郎に出会い、鈴木は水野の誘いでブラジルに同行することになります。水野は一九〇六（明治三十九）年四月サンパウロ市に到着し、日本公使館の助力を得て州の有力者と接触しましたが、法律上の問題があるということで、契約締結には至りませんでした。同年七月、水野は、鈴木を労働の実地体験をさせるためにコーヒー農場（耕地と呼ばれていた）に一人残して、一度帰国した。その後、日本移民のための法改正がなされ、水野は翌一九〇七（明治四十）年再びブラジルを訪れ、サンパウロ州のボテリョ農務長官と交渉し、十一月六日正式契約調印に至ります。

契約の要点は、

・皇国殖民会社は、向こう三年間にコーヒー農場の農業労働者として家族移民三〇〇〇

人を募集し、ブラジルのサントス港まで輸送すること。第一回は一九〇八（明治四十一）年五月中に一〇〇〇人到着すること

・移民の船賃の補助一〇英ポンドは州政府が立て替え、そのうち四英ポンドは日本移民を雇用する耕主に償還させ、耕主は移民の給料からそれを差し引くこと

というものでした。家族を要件としたのは、出稼移民ではなく、耕地に長く定着する移民をブラジル側が求めていたためです。しかし、これまで各地に送られた日本移民は、いずれも単身であり、家族の募集は実際には難しかったのです。水野はこの条件を緩和するよう交渉しましたが、ブラジル側は譲らなかった。水野は後年、ブラジル側から「家族くさいものを構成してくればよい」という言葉を引き出したので、それで引き下がったと回顧しています。

外務省の許可と最初の移民船笠戸丸の旅立ち

契約の調印を済ませると、水野は急いで日本にとって返し、翌一九〇八（明治四十一）年一月に横浜に到着します。直ちに外務省から許可を得ようとしましたが、家族移民の条項が障害となりました。外務省は五月までに多数の家族を集めるのは到底不可能として、半年延期の

可能性を現地に打診しました。しかし、内田公使から来た返信は、延期が受け入れられる情況ではないので、各府県に家族の証明の面で便宜を図ってもらい、とにかく五月までに渡航させるようにしてほしいというものでした。こうして皇国殖民会社は、二月にようやく募集の認可を得ることができたのです。その時点ですでに三月出発、五月到着は不可能となっていたので、サンパウロ州に六月まで延期することは認めてもらい、大急ぎで一〇〇〇人の募集を開始しました。募集は、各県の代理人を使って行われましたが、四月末の出航までに集められたのは、七八一人（男六〇〇人、女一八一人）にすぎませんでした（ほかに自由移民一二人がいた）。特に家族の移民を集めるのは苦労し、実際は偽装夫婦、偽装兄弟よりなる「構成家族」だったのです。応募したのは、渡航にまとまった金が必要とされたため、借金することが可能な多少の資産のある人たちでした。府県別には沖縄県三二五人、鹿児島県一七二人、熊本県七八人、福島県七七人、広島県四二人といった順序で、農民でない者が多数を占め、元の職業が警部、巡査、教師、僧侶、車掌、活版職工といった人も混ざっていました（ここまでは、移民の歴史について国立国会図書館ホームページから一部引用）。

こうした苦難を乗り越え、皇国殖民会社の水野龍社長が率いる最初の移民船笠戸丸は、上塚周平移民船監督のもと一九〇八（明治四十一）年四月二十八日午後五時五五分神戸港を出港しブラジルへと旅立ったのです。

図 10　ブラジル移住最初の移民船「笠戸丸」神戸港出港の雄姿，この船はこの１回のみ（提供：日伯協会）

図 12　サントス港で移住者を乗せた出発間際の列車（提供：日伯協会）

図 11　ブラジル・サントス港に着岸した「笠戸丸」の後姿（提供：日伯協会）

ブラジル各地のコーヒー農園に入植

笠戸丸移民は、サンパウロの移民収容所での手続きを経て、六月二十一日に六つのコーヒー農園に農業労働者（コロノ）として送り込まれました。ドゥモント、グワタパラ、サン・マルチーニョ、フロレスタ、カナン、ソブラードの六カ所です。

笠戸丸移民は、農業経験のなかった人たちも含まれていたため、最終的に農場に残ったのは七八一人中、四六パーセントの三五九人（転耕した他の耕地を含めると四三九人）に過ぎませんでしたが、その後の調査で、コーヒー園に残った四三九人には格別の苦情もなく概して良好であったため、外務省は皇国殖民会社に十分の資力と準備があれば、二回目以降を許可することにしました。

しかし、皇国殖民会社は依然として資金不足を解消することができず、高知市の竹村殖民商館に事業を譲渡し、第二回移民九〇六人を一九一〇（明治四十三）年五月四日に送出。六月二十八日サントス港に到着し、一七耕地に配耕されたのです。耕地への定着率も高くなり、第三回目以降は継続的に行われました。

初期移民の問題を乗り越え、一九九一（平成三）年の移民契約終了までの八十三年間に二五

図 13　サンパウロの移民収容所。手続きを待つ移住者（提供：文協／ブラジル日本移民資料館）

図 14　笠戸丸移民の耕地カナンでの姿（提供：文協／ブラジル日本移民資料館）

万人が日本からブラジルへ移住しました。この人たちはコーヒーだけでなくアメリカに次ぐブラジルの農業大国化に大きく貢献しているのです。

ここまでは、日本人がブラジルに移住するに至った歴史を紹介してきましたが、以下にブラジルコーヒーが日本にどのようにして入り、広まって行ったかを見て行きましょう。

ブラジルからコーヒー拡販の要請

一九〇八（明治四十一）年六月十八日笠戸丸はサンパウロ州サントス港に到着し、水野が率いる移住者七八一人は岸壁に待機していた列車に乗り込み、サンパウロの移民収容所に到着します。

到着を待っていたのは、収容所の担当者だけではなく、サンパウロ州政府の役人が、「コーヒー豆を無償提供するので、日本でコーヒーを普及させて欲しい」旨の契約書を持って水野を待ち構えていたのです。水野は、これを補助事業並びに販路拡張と理解し署名しました。これがブラジルコーヒーが日本に入る原点となったのです（この契約内容は一九〇八年七月三日聖州官報に登載されました）。

珈琲販路拡張契約書訳文（千九百八年七月三日聖州官報登載）

笠戸丸移民を世話するスペイン語通訳によるものを現代語に一部修正したものを見ていきましょう。

千九百八年六月二十七日東京居住日本国民水野龍、リオ・デ・ジャネイロ住伯国民ドクトル・ラファエル・モンテイロは、農商工務長官と会し日本国内にサンパウロ珈琲の販路を拡張せんがためこの条項を契約す

第一条　珈琲賣拡の契約は本日より起算して三ケ年間有効なりとす

第二条　州政府は本契約の実行を監督すべき職責を有する委員を日本に送る事を得又は便宜上連邦政府の任命により、日本国に在る伯国代表者に監督を嘱託する事を得べし

第三条　州政府は販路拡張事業に対し左の通り補助を与ふ

（一）六〇キロ入りの珈琲七千百二十五袋、但しアメリカタイプ六番より劣らざる品

（二）六〇コントスの金額、三期に分ち年々同額以て交付す、第一期交付額の年額は第十六条の規定を履行せる後直ちに之を交付するものとす
第十六条の規定を履行すると同時に七百五十袋
本契約の日付より一ケ年以内に七百五十袋
本契約より第二年目の年の内に二千二百五十袋、但し同数量を二回に分ち交付す
本契約の第三年目の年の内に三千五百七十五袋、但し同数量を二回に分ちて交付す
右記珈琲はサントス港に於いて交付す　但し政府は便宜と思はる時はアレベルスまたは欧州の他の諸港に於いて荷渡しをなす事を得べし
第四条　販路拡張のため政府の交付する珈琲は小売りをなし、又は寄贈すべきものとす。寄贈すべき珈琲は、煎り挽きたるものにて赤十字病院または陸軍病院、大なる新聞社、宿屋、料理店、その他販路拡張に効能ありと思はる大なる商店に政府の監督または農務局と協議の上分与すべきものとす
第五条　契約者等は広告及び珈琲小売りのため日本に左の通り十五軒の店を設ける義務あり
東京八軒、横浜二軒、大阪二軒、京都一軒、神戸一軒、長崎一軒

図 16　通訳による翻訳文

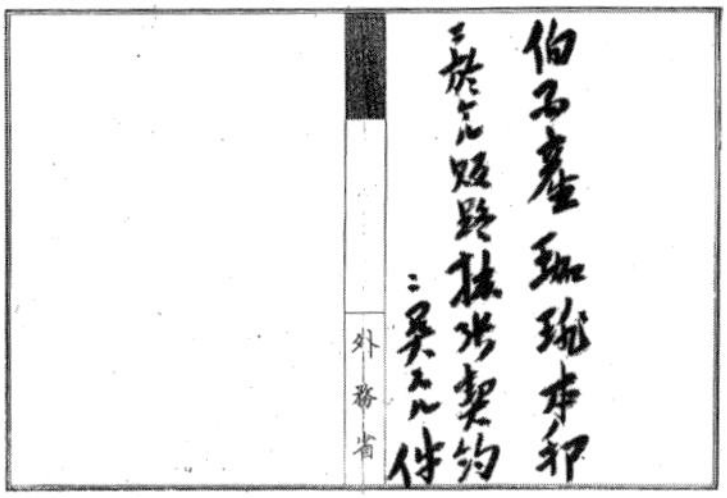

図 15　外務省に保管されている契約書

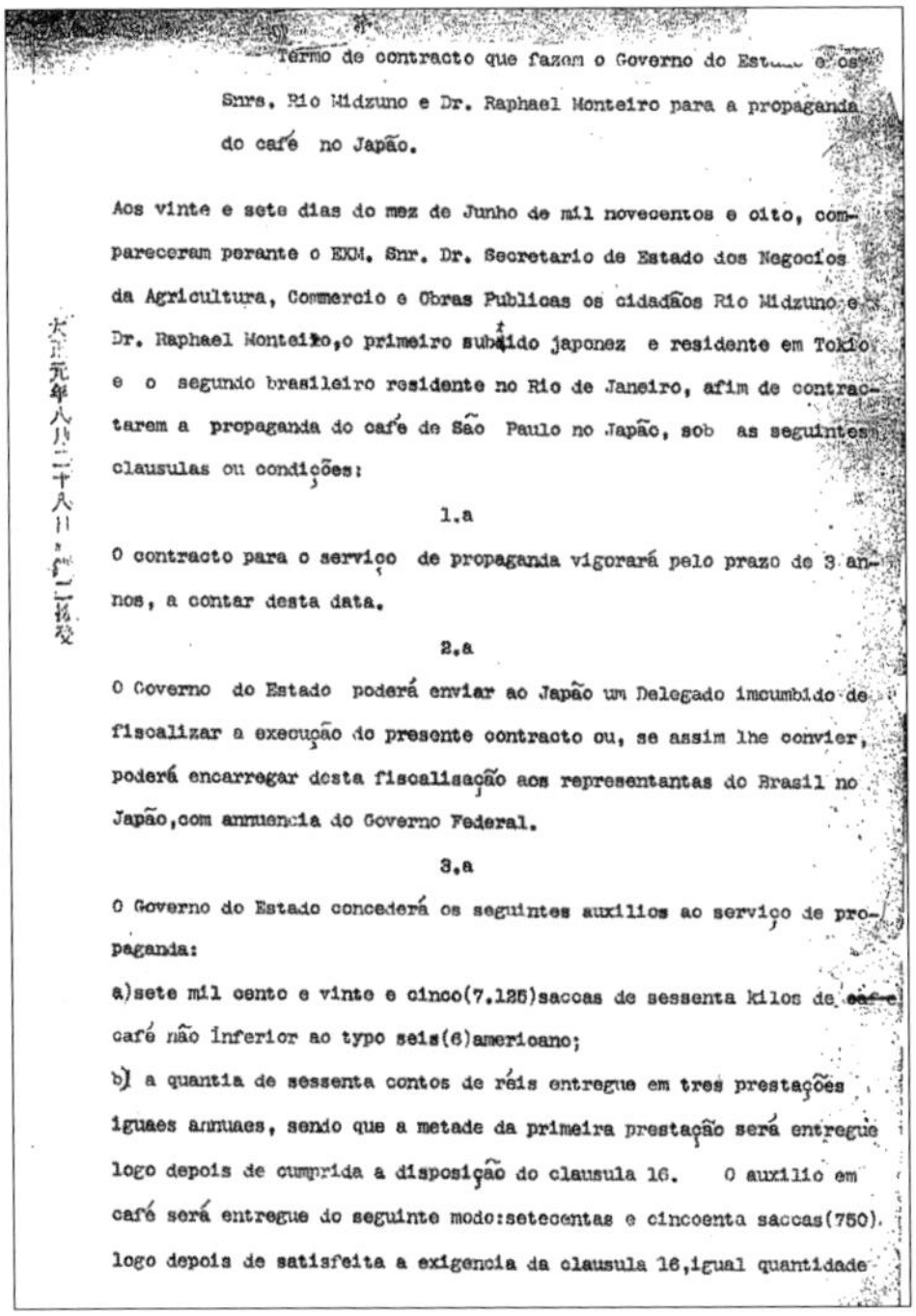

Termo de contracto que fazem o Governo do Est... e os Snrs. Rio Midzuno e Dr. Raphael Monteiro para a propaganda do café no Japão.

Aos vinte e sete dias do mez de Junho de mil novecentos e oito, compareceram perante o EXM. Snr. Dr. Secretario de Estado dos Negocios da Agricultura, Commercio e Obras Publicas os cidadãos Rio Midzuno e Dr. Raphael Monteiro, o primeiro subdito japonez e residente em Tokio e o segundo brasileiro residente no Rio de Janeiro, afim de contractarem a propaganda do café de São Paulo no Japão, sob as seguintes clausulas ou condições:

1.a

O contracto para o serviço de propaganda vigorará pelo prazo de 3 annos, a contar desta data.

2.a

O Governo do Estado poderá enviar ao Japão um Delegado incumbido de fiscalizar a execução do presente contracto ou, se assim lhe convier, poderá encarregar desta fiscalisação aos representantas do Brasil no Japão, com annuencia do Governo Federal.

3.a

O Governo do Estado concederá os seguintes auxilios ao serviço de propaganda:

a) sete mil cento e vinte e cinco (7.125) saccas de sessenta kilos de ~~caf-e~~ café não inferior ao typo seis (6) americano;

b) a quantia de sessenta contos de réis entregue em tres prestações iguaes annuaes, sendo que a metade da primeira prestação será entregue logo depois de cumprida a disposição do clausula 16. O auxilio em café será entregue do seguinte modo: setecentas e cincoenta saccas (750) logo depois de satisfeita a exigencia da clausula 16, igual quantidade

図 17　コーヒー拡販要請の契約原文

第六条　各珈琲店は珈琲焙煎所を有し　珈琲調理の仕事は契約者等が雇入るべき二人の伯国人技術手が之を指導す。尚各珈琲店は陳列棚を設け、之にサンパウロ珈琲の種々の見本を相当に分類し装置して陳列すべし

第七条　珈琲の売価は一杯七センテシモスを超ゆべからず、焙煎珈琲は一キロに付二円以下にて売却すべし、其の売上げ収入金は広告、印刷広告等の費用に充つべし

第八条　如何なる事柄ありとも本契約に定むる期間内は珈琲販路拡張の事業を廃止する事を得ず、契約者等は若し販路拡張補助として給与されし珈琲足らざる場合には、之がため必要なる珈琲を自費にてサントスの市場にて買入るべきものとす。但しサンパウロ珈琲の供給尽きたる場合には、前以て州政府の承諾を得て外国市場に於いて珈琲を求むる事を得

第九条　売上高及びその費用は毎日記帳すべし、日本に於ける各珈琲店は毎月の勘定を東京中央店に報告し、中央店は三か月毎に勘定をリオ・デ・ジャネイロまたは当州首府に在る本店へ報告すべし、契約者等は政府に対し本契約に関する総ての事柄を決定し得べき充分なる権限を有する本店をリオ・デ・ジャネイロ又は本州首府に諮るべき義務あり其の本店は東京より受け取る毎三か月の報告を農政局に移録すべし

第十条　政府の与ふる補助金額は第五条に規定せる販路拡張を掌る珈琲店の借入及び設備

の費用に充つべきものとす
第十一条　本契約期間の終るに当たり政府は向う三年間其の珈琲店を借入れ、その店を随意に使用し又右東京の中央店に珈琲荷の存在する事ある時は之らも用達に充るの権利を有す
第十二条　経験の上便宜なりと認める時は契約当事者双方協議の上、本契約を変更する事を得使用すべし
第十三条　茶碗売り珈琲の売規定を叛かん限りは契約者は各珈琲店に於いて伯国砂糖を使用すべし
第十四条　契約者等は伯国珈琲の分析を日本の衛生試験所に於いて為さしめ又伯国政府及米国における世論の通りその滋養質を公示すべし
第十五条　契約者若し本契約の規定に違沓の時は百ミルの至一コントの罰金を州政府により科せらるべし、若し契約者等が第五条に規定する販路拡張のため珈琲店を初年の内に設けざる時はその契約を無効と為す事を得
第十六条　本契約の履行を確立せんがためその契約者等は六十日以内に三十コントスの保証金を州金庫に預託すべし、州政府は年六朱の利子を附して契約期間の終りたる時之を返付すべし、但し罰金を科せられたる事あるときは其の保証金の内より引き去るものと

す

第十七条　本契約の履行に関して疑義を生ずることある時は契約者より当首府に於ける裁判所の判定を授くものとす

右契約を破棄ならしめんがため本契約書を作り農商工務長官、契約者、保証人パウロ・ランジェル・パスターナ及びジェリオ・ブランドン・ソブリニオが之に署名す、但し右署名前本契約書に州総領の署名を請うべきものとす、右次官エウジエニオ・フェブレこれを署名す

（二百五十ミリレースの印紙に右次官署名す）

エメ・ジョタ・アルブケル・リンス

ア・カンヂード・ロドリゲス

水野　龍

ラファエル・モンテイロ

パウロ・ランジェル・パスターナ

ジェリオ・ブランドン・ソブリンニオ

販路拡張契約の要点

販路拡張契約の要点は、

・珈琲豆六〇キロ入りの袋七一二五袋を三年に分け、無償で供与する
・日本に一五軒（東京八軒、横浜二軒、大阪二軒、京都一軒、神戸一軒、長崎一軒）の店を設ける費用をブラジルが補助する。この取り組みは、実際には福岡、大津、静岡、仙台、札幌を加え二〇店を超え、全事業所の従業員数が一〇〇〇人を超える規模に達した

というものでした。ポルトガル語の原文は、外務省公文書館、または一般財団法人日伯協会で見ることができます。また、第四条の末尾には「それらは政府が提供する量の一〇パーセント以内とする」、第十二条の「使用すべし」の前には「優先的に」という意味合いの言葉がスペイン語の原文には書かれていますが、日本語訳にはありませんでした。

日本最初のカフェーパウリスタ店は関西に

水野は帰国するとすぐに大隈重信を訪ねて助けを求め、一九一〇（明治四十三）年には「合資会社カフェーパウリスタ」を設立、一九一一（明治四十四）年六月第一号店を箕面公園にオープンしました。関西のカフェーパウリスタは、箕面の一号店を皮切りに、大阪・神戸にも数店出店されました。しかし、箕面公園でのカフェー事業は、併設された動物園から猛獣が脱出するなどの事態が生じたため一年で閉店となり、建物は豊中市に移築され自治会館豊中倶楽部として活用されました。この建物は、老朽化のため二〇一三（平成二十五）年に解体されましたが、二〇一四（平成二十六）年一月十八日に改築され、豊中市教育委員会の手で、喫茶文化の黎明期を体現した倶楽部建築として保存されました。この現建物の内部には旧建築部材の一部が忠実に再現されています。

関東での展開

一九一一（明治四十四）年十二月には「南米ブラジル国サンパウロ州政府専属珈琲発売所」

図 18　日本最初のカフェーパウリスタ，箕面（出典：箕面市総務部記録資料）

図 19　銀座カフェーパウリスタ創業店（提供：カフェーパウリスタ銀座本店）

と銘打ち、東京銀座七丁目に「カフエーパウリスタ」を開業し、これが関東地区での第一号店となりました。

コーヒー拡販の取り組み

店舗の展開は進んでも、コーヒーは苦く日本人の味覚とかけ離れた飲み物であったため、拡販はなかなか進みませんでした。

水野は苦労しながらも、ブラジルの同胞の辛苦を想い、どうしたら受け入れてもらえるかを考えました。「コーヒーはそもそもどんな場所で飲まれているのか?」、調べてみると、西洋には「カフェー」という場所があり、そこがコーヒーを飲むところだと言うのです。水野は、その姿を見たくなり、フランスパリの有名なカフェー「プロコプ」を視察しました。そこでは、多くの老若男女が各々テーブルを挟み、正装した給仕が恭しく運んできたコーヒーを飲みながら、楽しそうに会話を交わしている光景が広がっていたのです。「こういう場所が日本にあれば」そう考えた水野は早速日本に戻り、一九一一(明治四十四)年、このプロコプを模した白亜二階建の洋館を東京銀座七丁目につくりました。これが「銀座　カフエーパウリスタ」です。契約から三年後でした。

図 20　甲陽園のカフェーパウリスタ（出典：西宮市立郷土資料館）

図 21　解体前の甲陽園カフェーパウリスタ

図 22　解体された建物の一部を神戸の「海外移住と文化の交流センター」内の「移住ミュージアム」で展示

このような努力が実り、日本におけるコーヒーの拡販が軌道に乗ったことで、ブラジルからのコーヒー豆の供与は十二年間にわたりました。

甲陽園にもカフェーパウリスタ

西宮市甲陽園のこの建物は、一九一九（大正八）年に建てられた、この地域でもっとも古い二階建、地下一階の民家です。

ドイツ建築を取り入れたこの建物には、甲陽土地の事務所のほかカフェーパウリスタ、ビリヤード場、たばこ屋などが入っていましたが、二〇一六（平成二十八）年老朽化のため解体されました。

解体前の一日だけの見学会には、歴史を刻んだ建物の最後を見ようと一〇〇〇人を超える見学者が集まったそうです。この情報を聞きつけた国立民俗学博物館（民博）中牧弘允名誉教授とともに日伯協会も現場に駆けつけました。

この記念すべき建物の一部でも残せないかとの話が持ち上がり、建物のオーナーに掛け合い、玄関扉、階段の一部とシャンデリア、千鳥のステンドグラスを切り取り、神戸の海外移住と文化の交流センター（ブラジルへの移住センター）で保管し、企画展をはじめとする機会に展示

図 23　神戸のカフェーパウリスタ。最初の建物（出典：洪洋社『建築写真類聚　第 1 期』）

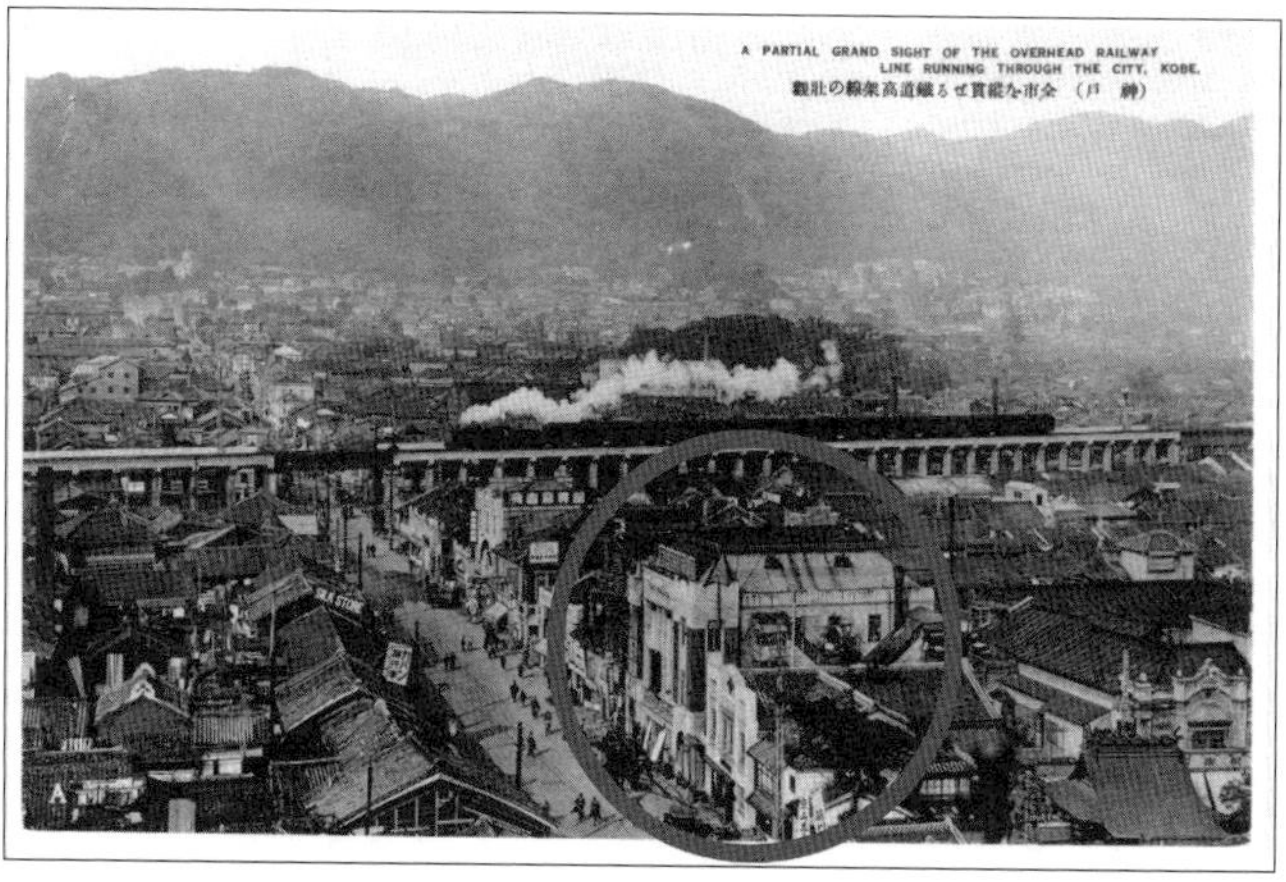

図 24　焼失後再建された神戸のカフェーパウリスタ（出典：絵はがき「全市を縦貫せる鉄道高架線の壮観」）

活用することになりました。今は、センター二階の踊り場に保存展示されています。

神戸にもあったカフェーパウリスタ

一九一〇（明治四十三）年二月、水野龍は合資会社「カフエーパウリスタ」を立ち上げた時に、東京・横浜に並び移民船の基地である神戸にも店舗を構えました。カフェーパウリスタ神戸支店は、最初は焙煎を主としていました。山のふもとの「トーアホテル」につながる「トーアロード」。多くのしゃれた店舗が立ち並ぶ一角に、神戸カフェーパウリスタが誕生しました。最初は省線が高架になる前の踏切に面した角地にあり、木造の洋館でした。

一九二〇（大正九）年、火災で焼失し、その保険金をもとに三宮神社の北側に再建されました。地下一階、地上三階、当時の神戸では珍しい近代的なビルでした。遠くから見物人が来るほど、大理石をふんだんに使った素晴らしい建物でした。

戦後の一時期、占領下の駐留軍のたまり場となり、ダンスホールとしてにぎわいました。俳優の高島忠夫がジャズバンドの一員だった時代にカフェーパウリスタに出演していたこともありました。

一九九七（平成九）年ビルの老朽化によりオフィスビルとして建て替えられ、今日に至って

図 25　不毛の地セラード

図 26　セラードはどこを見ても荒野

います。

以上、日本でコーヒーが大衆化した歴史を紹介しましたが、今少しブラジルのコーヒー事業と日本の繋がりを見てみましょう。

ブラジルの農業は、第二次世界大戦の後、広大な不毛の地と思われていたセラードを肥沃な農地に生まれ変わらせ、今や世界の食糧基地といわれるまでになっています。かつてサンパウロ州やパラナ州に集中していたコーヒー農園は、霜害のないセラード地帯で大規模に展開されるようになっています。

ブラジルの国土の特徴

ブラジルは国土の多くが、海岸線からいきなり八〇〇メートル近く高くなる高地で展開するという特殊な地形にあります。この地形が、農耕に適した環境を生み出しているのではないかと思われます。

不毛の地「セラード」は、当初水資源も無く雑木が生い茂る原野と思われていましたが、調査を始めてみると豊富な地下水脈に恵まれていることがわかり、土壌改良とも相まって農地として適していることが確認されたのです。

図 27　改良が進んだ広大なコーヒー農園

図 28　大規模に展開される大豆農場

図 29　広大な農地。セラードが世界の食料基地になった

図30　スケールの大きいセラードの農場（出典：WWFジャパン「大豆と「世界で最も生物多用性に富むサバンナ」ブラジル・セラードの深い関係」）

セラード開発は、日本からはＪＩＣＡが加わり、現地では優秀な日系移民が多く参加したことで、急速に進展しました。

セラード開発に取り組んだエピソード

原野を開拓した新たな農地に早くから日本移民が入植し、戦前からコーヒーを中心に農業生産地帯として栄えてきた北パラナは、年々進む農業の大規模化とともに、耕地面積が狭く感じられるようになりました。また、二、三男対策として、新たな農地確保にも迫られていました。コチア産業組合の北パラナのリーダー小笠原一二三は、マットグロッソ州からアマゾン地方まで、自身で視察して、セラードに目をつけたのです。

一〇〇年前は豊かな農地だった

当時のセラードは、ただでももらい手がない荒涼とした原野でした。表土は浅く、強い酸性土、乾期には表土深くまで乾燥してしまい、地表には僅かな歪性植物と雑草しか生えません。しかし、「一〇〇年前は豊かな農地が広がっていたらしい」という古老の言葉から「土を育てれば、必ず農耕地に生まれ変わる」と確信を持ったのです。このときの小笠原の直感が、ブラジル中部のセラードを、穀倉地帯に生まれ変わらせるきっかけとなり、ブラジル国民が、ブラジルは世界の食糧生産基地であると確信を強める一助になったのです。

我が子をただ一人送りこみ

七〇年代初頭に、セラードの潜在性を見抜き、セラードの荒野に、我が子タカシをただ一人送りこんで、実験を繰り返し、セラード開発の手本をつくり、やがてコチア産業組合にセラード開発を実行させた北パラナのリーダー小笠原一二三。セラード開発は、小笠原という一人の人物の決意によって始まり、その成果を見たコチア産業組合が、組合の方針として決定したのです。日本のODAとともにミナスジェライス州で実行し、その実績を見て、ブラジル政府が国家政策として、セラード開発計画を実施したのです。

荒野が穀倉地帯へ見事に変貌

地平線まで広がる巨大な耕地には、大型トラクターや長さ六〇〇メートルもある中央制御散水機（セントラルピボット）があちこちにみられ、近代的農業が実現しています。組合施設には巨大なサイロが林立し、生産資材や生産物を満載した大型トラックが激しく往来しています。かつて、「不毛の大地」と言われたセラードの荒野が、日系人によってブラジルのモデルとなる穀倉地帯へ、見事に変貌したのです。

日本でのコーヒーの広がりに関するさまざまなエピソードがあります。その幾つかを紹介しましょう。

無償供与は美談ではなかった？

サンパウロ州政府と水野龍との間で結ばれた「珈琲販路拡張契約書」の原文と訳文の写しの

図 31　セラード開発にかかわるコチアの小笠原理事（中央）（出典：『コチア産業組合中央会 60 年の歩み』）

図 32　セラード開発の拠点となるサンゴタルト（出典：『コチア産業組合中央会 60 年の歩み』）

図 33　セラード開発に情熱を燃やしたコチアの小笠原理事（出典：『コチア産業組合中央会 60 年の歩み』）

入手に関する経緯を見ていきましょう。この写しは水野の移民事業を継いだ竹村殖民商館から「カフエーパウリスタ」を再興した長谷川主計へ贈られたものです（外務省公文書館にもあります）。これにより様々な発見がありました。まず、契約日が「一九〇八年六月二十七日」となっています。これまでは、「負債を抱えた水野の苦境を救うため州政府が無償供与した」とされてきましたが、実はそうではなかった。この契約は、笠戸丸がサントス港に着いた六月十八日の九日後に結ばれていたのです。当時、コーヒーは生産過剰におちいっており、サンパウロ州政府は英国と日本への宣伝活動をその年の一月に発令していました。コーヒー豆の無償提供は州政府が計画していたものだったのです。

ブラジルからの第一回分のコーヒー豆が到着

第二回移民船旅順丸で神戸に入荷したのが一九一〇（明治四十三）年九月でした。輸入許可も取れず輸入税の用意もない。困った水野はかねて懇意の大隈重信に助力を乞いました。大隈は水野に横浜の大手砂糖商の増田屋を紹介し、「ブラジル移民が生産するブラジルコーヒーは準国産品であり、水野が獲得したコーヒーは砂糖の絶好の消費対象であり、この事業は日本の将来に大きな幸せをもたらす」と激励しました。

図 34　荒野が穀倉地帯へ見事に変貌

図 35　灌漑設備も完備した大規模な麦畑

図 37　輸送インフラも整備が進む

図 36　大規模な設備

ようやく「カフエーパウリスタ」誕生

大隈重信の口添えでまもなく輸入が許可されました。増田屋も全面的に協力し、横浜財閥の主要メンバーを集めて協議したのです。その席で食料品問屋の亀屋が半分を引き受けることを約束しました。資本金二十五万円の合資会社の設立も決まり、コーヒー焙煎工場の建設と東京・横浜に一店ずつの出店が決まったのです。

こうして「ブラジル国サンパウロ州政府専属ブラジルコーヒー発売所カフエーパウリスタ」が誕生したのです。パウリスタ（Paulista）はポルトガル語で「サンパウロっ子」という意味です。トレードマークは、ブラジルの国章を模したもので、コーヒーの樹で囲んだ星の中に女神の横顔をデザインしています。

銀座や日本橋にカフェが続々と誕生

一九一〇（明治四十三）年頃、東京にカフェーが続々と開店しました。日夏耿之介が書いています。「メイゾン鴻之巣は文士の巣窟で、カフェー・プランタンには画家と文士のみが集まり、カフェーパウリスタの最初は文士か文学好きの会社員が常連であった」。

目新しい宣伝と新機軸の数々

日本一の大男を募集し、採用されたのが身長一八〇センチ余りの大学生。これにシルクハットに燕尾服、白手袋の盛装をさせ、道行く人に試飲券を配って歩かせました。学校の運動会や

図 38　銀座や日本橋にカフェが続々と誕生（出典：日伯協会会報『オ・ブラジル』）

企業の園遊会などには、コーヒーの無料出張サービスをしました。店内にも工夫を凝らしました。白い大理石のテーブル、ロココ調の椅子、海軍を思わせる白い制服の美少年の給仕が英語で注文を伝えるさまは、当時の人々を驚かすには十分でした。女性ミュージシャンによる生演奏もあり、グラノフォン（自動ピアノ）を備えたのも最初でした。一九一九（大正八）年からは雑誌『パウリスタ』も創刊。水野はあの手この手でひたすらブラジルコーヒーの宣伝に努めたのです。

文化人や新聞記者のたまり場に

朝日新聞社や電通本社、帝国ホテル、外国商館に程近く、当時東京で最も進歩的な文化人が集まる場所であったことから、銀座カフェーパウリスタはすぐに文化人や新聞記者のたまり場となりました。朝九時から夜十一時の営業時間、多い日にはおよそ四〇〇〇杯のコーヒーが飲まれる程の盛況ぶり。常連には慶応などの大学生も多く、「銀ブラ」という言葉も《キャンパスから銀座のカフェーパウリスタまで歩き、ブラジルコーヒーを飲みながら会話すること》とする珍説まで生まれました。

大正時代には文化活動の一大拠点

画壇では藤田嗣治、村山槐多ら、文壇では吉井勇、菊池寛、谷崎潤一郎、与謝野晶子、芥川龍之介、佐藤春夫、小島政二郎らが常連でした。小島政二郎は「私が慶応の学生になった頃、銀座にパウリスタと云うカフェーが出来た。コーヒー一杯で一時間でも二時間でも粘っていても、いやな顔をしなかった。徳田秋声や正宗白鳥なども、原稿を届けに来たついでに寄って行ったりした。私たち文学青年にとって、そう云う大家の顔を見たり、対話のこぼれを聞いたりすることが、無上の楽しみだった」と回想しています。二階には大きな鏡のついた女性専用の部屋があり、女性の参政権獲得に奔走した平塚らいてうなど青鞜社の女性たちも毎日のように集まり語り合いました。

関東大震災と無償提供の打ち切り

一九二一（大正十）年に入り、第一次世界大戦後の不況をしのぐには事業縮小しかないと判断した経営陣は、神田、浅草、銀座の営業権を手放し、翌年には大阪の店と焙煎工場も譲渡しました。追い打ちをかけたのが、一九二三（大正十二）年の関東大震災です。東京は三日三晩燃え続け、パウリスタは焙煎工場を残してすべての店舗が崩壊しました。とどめを刺したのが、コーヒー無償提供の打ち切りでした。この時水野はブラジルに渡りサンパウロ州政府と無償提供の延長交渉をしていたのです。交渉は成立せず、水野はパウリスタ事業から撤退することになりました。その年から全国の喫店をそれぞれの責任者や共同経営者に譲渡して喫茶事業から手を引きました。日本のコーヒーの大衆化に絶大な役割を果したカフエーパウリスタは、欧米から二〇〇年の遅れを一気に取り戻し、全国にコーヒー文化の種をまいて姿を消したのです。

日伯協会四十年史から

一九四八（昭和二十三）年、戦後復興に当り、ブラジルコーヒーを含む大量の慰問品が在伯コロニアから送られてきました。この年、京都・大阪の関係者からの要請を受けて、ブラジルコーヒー宣伝店と銘打ってパリエッタと称する専門店を日伯協会監督指導の下に開店し、世の人気を博したとの記録を見つけました。京都店は不都合があり手を切りましたが、大阪店は長く好評を博して存続したとあります。

一九四九（昭和二十四）年十一月、ブラジルコーヒー宣伝店「パリエッタ」を京都四条大橋

図 39　ジョン・レノンも 3 日連続来店のカフェーパウリスタ

図 40　今も続く銀座のカフェーパウリスタ

東詰に開店し、連日満員の盛況が続きました。

一九五〇（昭和二十五）年一月、大阪心斎橋筋一丁目に「パリエッタ」大阪店開店、純正ブラジルコーヒーの人気で連日大盛況が続きました。

一九五〇（昭和二十五）年三月、神戸の王子公園で開かれた日本貿易産業博覧会では、「パリエッタ」による試飲会を行い盛況でした。

日伯協会四十年史から、関西においては戦後間もない混乱の中で、ブラジルコーヒーが戦後復興の取り組みを支えたことがうかがえます。

東京地区でのカフェーパウリスタ

カフェーパウリスタからは多くのコーヒー人脈が巣立っています。松屋珈琲店の畔柳松太郎、木村珈琲店（キーコーヒー）の柴田文治、ダイヤモンド珈琲商会の大石七之助、全日本珈琲協会の板寺規四らそうそうたる人物ばかりでした。カフェーパウリスタの残した足跡の偉大さがしのばれます。長谷川主計もその一人です。一九二三（大正十二）年以降、焙煎業に転じたパウリスタを支え、戦時中社名を「日東珈琲」に変えてからも共に歩み、一九六八（昭和四十三）年に他界します。その遺志は息子浩一に引き継がれ、一九七〇（昭和四十五）年銀座にカフエーパウリスタを再興し、現在は孫の勝彦が受け継いでいます。ジョン・レノン、オノ・ヨーコ夫妻が三日連続来店したエピソードはテレビでも紹介されました。

インスタントコーヒーの歴史

コーヒーを即席食品化する場合、抽出液を粉末化するのがもっとも簡単ですが、その加工過程で大切な味や香りが損なわれます。味と香りを維持する技術改良史が、インスタントコーヒーの歴史と言えます。一七七一年にイギリスで水に溶かすインスタントコーヒーが発明されましたが、製品の貯蔵可能期間が短く保存がうまくいきませんでした。一八八九年にニュージーランドのデイビッド・ストラングが「ソリュブル・コーヒー・パウダー」（可溶性コーヒー粉末）の作成法の特許を取得し、「ストラング・コーヒー」として製品化したのが、記録上確認できるはじめとされます。

意外な缶コーヒー開発秘話

缶入りコーヒーは一九六九（昭和四十四）年、ＵＣＣが世界で初めて開発したものです。創

図41　今も飲み続けられている缶コーヒー

業者の上島忠雄が、駅の売店で瓶入りコーヒーを飲んでいたところ、列車のベルが鳴り、飲み残しの瓶を店に置いていかなければなりません。「こんな無駄なことをせず、そのまま列車に持って入れるコーヒーは作れないものか」。そこでひらめいたのが「瓶を缶にすればいいんだ！」という発想でした。しかし、製品化までは苦難の連続でした。当時普及しつつあった人工甘味料を使わず、レギュラーコーヒーから抽出したコーヒーの風味にこだわったのです。

一九七〇（昭和四十五）年、大阪万博が開かれました。会場を巨大な市場に見立てて販売に力を入れたところ、お客さんやコンパニオンの間に「おいしい」という評判が広がり、注文が殺到しました。缶コーヒーの売上アップには、自動販売機の力も見逃せません。冷たいものも、熱いものも出せる自販機の普及は、缶コーヒーだけでなく飲料水全体の売上を伸ばしていきました。なお、上島忠雄も「三宮にカフエーパウリスタの店があったのはよく覚えています。一日に二回も三回も飲みに行ったものです」と語っています。カフェーパウリスタの影響はここにもありました。

コーヒーの大衆化の歴史とエピソードを見てきましたが、これが皆様のコーヒーに対する理解を深めることに繋がれば幸いです。最後に、文中の画像・文章の一部については、インターネットから引用させていただきました。関係者にお断りとお礼を申し上げます。

COFFEE　WAVE

栄秀文

本日は「コーヒーで語り合う人・文化・地域の交流」二〇二二年度大手前大学交流文化研究所シンポジウムにお招きいただきありがとうございます。「COFFEE　WAVE」の話に入る前に、私が所属している、弊社が運営しているUCCコーヒー博物館とUCCコーヒーアカデミーの設立の目的と概要について説明します。

UCCグループは一九三三年に神戸で創業しました。UCCコーヒー博物館は一人でも多くの人にコーヒーの素晴らしさを伝えたいという想いから、一九八七年、十月一日「コーヒーの日（現：国際コーヒーの日）」に世界で唯一の〝カップから農園まで〟網羅したコーヒー専門の博物館として神戸のポートアイランド内に開館しました。館内は、「起源」「栽培」「鑑定」

「焙煎」「抽出」「文化」の六つの展示コーナーで構成されコーヒーに関するあらゆる情報を展示や映像を通じてわかりやすく紹介しています。また、コーヒーのテイスティングと焙煎の体験コーナーを設け、五感を通じてコーヒーの楽しさを体感できます。

ＵＣＣコーヒーアカデミーはＵＣＣグループが創業以来培ってきたコーヒーに関する専門知識や技術などを集約し、コーヒー全般を体系的かつ段階的に学べる教育機関として、二〇〇七年四月に神戸校を開校しました。一般消費者から飲食店の開業を目指す方、プロのコーヒー職

図 1　UCC コーヒーアカデミー神戸校セミナールーム

図 2　UCC コーヒーアカデミー東京校セミナールーム

図 3　UCC コーヒー博物館

人まで幅広い層を対象に、基礎から専門知識・技術まで多段階のカリキュラムを用意しています。

二〇一五年四月には「UCCグループショールーム」を併設した東京校を開校（二〇二三年二月：東京赤坂へ移転）しました。このUCCグループショールームではあらゆる業種・業態のお得意先さまに、UCCグループのコーヒートータルソリューションを五感を通じて体験頂けます。お店の競争力を高めるコーヒーとその提供方法を提案しています。

それではここから「COFFEE　WAVE」について進めていきましょう！　皆さんが日頃飲まれているコーヒーがいつ頃発見されたかご存じでしょうか？　諸説ありますが、コーヒー発見伝説を二つご紹介します。

コーヒーの発見伝説

ヤギ飼いカルディの伝説（キリスト教圏に伝来する話）

アフリカでイスラム勢力が隆盛を極めていた頃、エチオピア南部のアビシニア高原には野生のコーヒーが長い間人目に触れることなく育っていました。ある日ヤギ飼いのカルディという少年が、放し飼いにしているヤギが赤い実を食べて興奮しているのを見て、修道院の僧侶と相談し、その実を食べてみました。すると全身に精気がみなぎり、気分がスッキリしたのです。それ以後、僧侶たちが夜の勤行の際に眠気ざましとして、この赤い実（＝コーヒーの実）を煎じて飲むようになったといわれています。

イスラム教徒シェーク・オマールの伝説（イスラム圏に伝来する話）

十三世紀の中頃、罪に問われてアラビアのモカから追放されたシェーク・オマールは、食べるものもなくオーサバという土地をさまよっていました。ある時、小鳥が赤い実をついばんで陽気にさえずっているのを見たシェーク・オマールは、この実を採って煮込んでみました。するとすばらしい香りのスープができ、飲んでみると心身に活力が湧いてきました。その後、彼はこの赤い実（＝コーヒーの実）を用いて多くの病人を救い、国王に罪を許されて、モカへ帰ることができました。そこでも多くの人を助け、後には聖者として崇められるようになりました。

世界に広がるコーヒー（秘薬から人気の飲み物へ）

コーヒーはエチオピアで発見されて以来、食用、薬用、酒用、嗜好品飲料と変遷しながら発展してきました。はじめはイスラム教寺院で門外不出の秘薬として使われ、一般には知られていませんでした。睡眠不足の苦しさなど、厳しい勤行を和らげる霊薬として用いられていたのです。

コーヒーが一般の人々の前に現れたのは十五世紀のこと。コーヒーの神秘の香りは、瞬く間にアラビア半島に広がりました。十六世紀には現在のイスタンブールに「カフェ・カーネス」という後世に知られているものの中では最も古い喫茶店も誕生しました。

コーヒーはヨーロッパに伝来する前から、すでにキリスト教徒にとっては異教徒の飲み物として知られていたようです。一六〇〇年頃ヨーロッパへ上陸してローマに伝えられると、コーヒー好きだったローマ教皇クレメンス八世は、異教徒に独占させておくのはもったいないと考えました。そこでコーヒーに洗礼を施してキリスト教徒の飲み物として資格を付与しました。これにより、コーヒーはヨーロッパでの市民権を獲得したのです。

コーヒーの苗木を手に入れた人たち（コーヒーの生産地の伝播）

その昔、コーヒーは厳しい管理下に置かれ、持ち出しを固く禁じられた貴重品でした。苦労して苗木を手に入れた先人たちは、それを大事に自国へ持ち帰りました。その結果、コーヒーの栽培地は世界へ広がっていくことになったのです。

盗んだコーヒーの種がインドへ

十六～十七世紀、当時オスマントルコの支配下にあったイエメンでは、イスラム教寺院で栽培されていたコーヒーの持ち出しが厳しく禁止され、厳重な監視下に置かれていました。そこへ一六七〇年頃、聖地メッカに巡礼にやってきたインド人のババ・ブータンが、コーヒーの種を持ち去ったのです。彼はこの種を南インドのマイソール（現在のカルナータカ州）の山中で栽培しました。この木を原木に、南インド一帯はコーヒー生産地として発展していきました。

インドネシアから西インド諸島へ

一六九六年にインドからインドネシアのジャワ島にコーヒーが伝えられましたが、洪水などの被害により全滅してしまいました。しかし一六九九年、オランダ人によって再度伝えられ、一七〇六年には成長した苗木がオランダ本国へ送られ、その後フランスのルイ十四世に献上されました。

国外流出を防ぐため、やはり厳しい管理下にあった苗木を一七二三年海軍士官ガブリエル・ド・クリューは任地となったカリブ海のマルチニーク（仏領・西インド諸島）に持ち込みました。しかし、今から三〇〇年近くも昔のこと、航海は苦難の連続です。ド・クリューは自分の飲み水を苗木に分け与えながら、約二カ月の旅を乗り切り、一本の苗木とともにマルチニーク島にたどり着きました。この苗木が原木となり、西インド諸島やメキシコへと伝播していったのです。定説では一七二三年とされていますが、近年の弊社農事調査室の現地調査によると、当時の記録からマルチニーク島への移植は一七二一年という説もあります。

愛の贈り物がブラジルへ

十八世紀のはじめには、ポルトガルの海軍士官フランシスコ・パルヘッタが、コーヒー栽培が盛んだったフランス領ギアナに派遣されました。彼は滞在中、総督夫人と恋に落ちました。彼が当時ポルトガル領だったブラジルにコーヒーの苗木を持ち帰りたいという本当の目的を告げると、夫人は別れの花束にこっそりとコーヒーをしのばせてくれました。この苗木がのちに、ブラジルを世界一の生産国に導くことになったのです。

モカの港からヨーロッパへ（コーヒー飲用の伝播）

十七世紀には、ヨーロッパ各地にコーヒーハウスが次々と開店しました。当時、コーヒーの供給源はアラビア半島のイエメンのみで、コーヒーの世界市場を独占していました。生産者から買い取られたコーヒーはイエメン市場に集められ、そこからモカの港を通じて出荷されたのです。このためモカはコーヒーの代名詞にもなりました。当時のイエメンには、エジプト、シリア、イスタンブール、モロッコ、ペルシャ、インド、ヨーロッパなどからコーヒー商人が集まりました。

十七世紀以降、コーヒーの独占市場であったイエメンのモカには、ヨーロッパにおいてはイギリスとオランダの船のみが停泊を許されていました。イギリス東インド会社の記録によると、十七世紀から一七三〇年頃までは茶よりいわゆるモカ・コーヒーの輸入量が圧倒的に多く、反対にオランダ東インド会社では国内のコーヒー需要はわずかなものでした。オランダでコーヒーの飲用が普及したのは、イギリスの影響だったと言われています。こうしてヨーロッパの国々では、イギリスがコーヒー市場において優位に立っていました。しかし十七世紀末にオランダがジャワ、セイロンにコーヒープランテーションによるコストダウンにも成功し、イギリス東インド会社のモカ・コーヒーの輸入は一七二〇年以降、急速に衰えていきました。その後イギリスは、貿易の中心をコーヒーから茶に移していくのです。

アメリカがコーヒーの国になった理由

十七世紀初頭、キャプテン・ジョン・スミスによってアメリカ大陸へ初めてコーヒーが伝えられました。しかし、それまで母国イギリスの影響で茶（この当時イギリスでもアメリカでも紅茶より不発酵茶（緑茶、ウーロン茶）が多かったと言われています）を常用していたアメリカがコーヒー好きの国に変わったのは、一七七三年の「ボストン茶会事件」がきっかけでした。イギリスはコーヒー貿易でオランダやフランスとの競争に敗れ、茶貿易に転じました。イギリスは「茶条例」を発布して輸入茶を独占、価格を吊り上げたうえに重税を課していました。

イギリスの植民地だったアメリカはこれに怒り、ボストンに停泊していたイギリス東インド会社の船を襲撃して、積み荷の茶をすべて海の中へ捨ててしまいました。これが「ボストン茶会事件（ボストンティーパーティ事件）」です。この事件をきっかけにアメリカはコーヒー好きの国へと変わったのです。

やがて独立戦争を経て、アメリカは世界最大のコーヒー消費国へとなっていきました。

図4　ボストン茶会事件（提供：UCCコーヒー博物館）

相次いだ「コーヒー禁止令」

メッカで起こった最初の弾圧

エジプト統治下のメッカではコーヒーの飲用が風紀や規律を乱し、コーランの教えに背くことを恐れた地方長官のカイル・ベイが一五一一年に「コーヒー禁止令」を発布し、コーヒー店の閉鎖や店主を拘束するなど厳しい弾圧を行いました。しかし、大のコーヒー好きだった時の国王（サルタン）の怒りに触れ、すぐさま禁止令は撤回、長官と禁止令の支持者は処刑されてしまったのです。

イスラム教国で起きたこのような迫害に対して、コーヒーの正しい由来を説き、健全な飲み物であることを主張する者がいました。その名はアブダル・カディ。彼は一五八七年に『コーヒー由来書』を記し、コーヒーに着せられたぬれぎぬを晴らしました。

ドイツでは、やむにやまれず

一七七七年、プロシア（現ドイツ）のフリードリヒ大王が「コーヒー禁止令」を発布したのには、大きな理由がありました。植民地のなかったプロシアでは、コーヒー消費量の増加はそのまま通貨の海外流失につながっていました。それにより国際収支のバランスが悪化したうえ、自国のビール生産量が減少したことでプロシアの経済は大打撃。大王は大のコーヒー好きだったにもかかわらず、国民にビールを推奨して、コーヒーには重税をかけましたが、愛好家が減ることはありませんでした。

コーヒーハウスの誕生

一六五〇年にオックスフォードにイギリス最初のコーヒー店「ヤコブの店」が誕生。一六五二年にはロンドンにギリシャ人パスクワ・ロッセによる店が開店しました。

コーヒーハウスは別名「ペニー・ユニバーシティ」とも呼ばれ、一ペニーの入場料で新聞を読んだり、情報交換ができる、大学のような場所としての側面をもっており、一六八三年のロンドンには約三〇〇〇軒あったと記録されています。

ウィーンの英雄とコーヒー

一六八三年、神聖ローマ帝国の首都だったウィーンはトルコの大軍に包囲され、陥落するのも時間の問題と見られていました。しかし一人の伝令によってその危機は救われ、トルコ軍はウィーンを陥落させることなく撤退させられました。その伝令は、ポーランド人のフランツ・コルシツキー。彼はその功績によりウィーン市会から「帝室の伝令」という称号を授けられ、一軒の家を贈られました。そこで彼はトルコ軍が残していった遺留品の中にあったコーヒー豆をもらい受け、その家で「青い瓶」という名のカフェを開いたのです。

ナポレオンの大陸封鎖でブラジルがコーヒー生産大国に

フランスのナポレオン皇帝は、一八〇七年に大陸封鎖を行いました。イギリスの植民地からの物資を絶つために、当時イギリスの同盟国であったポルトガルをも占領し、港を封鎖したのです。

一八〇八年ポルトガル王室は、当時植民地であったブラジルへ首都を移しました。大陸封鎖当時、世界最大の砂糖輸出国であったブラジルは大打撃を受けました。さらに大陸封鎖はヨーロッパ各国に自給自足を余儀なくさせることになったのです。この中で、プロシア（現ドイツ）が甜菜（砂糖大根のこと）から砂糖を作ることに成功したため、ブラジルの砂糖産業は大きな転換期を迎えることになります。

ヨーロッパでは数多くの開発が試みられましたが、どうしても代替えコーヒーを作ることが出来ず、結果的にブラジルは砂糖産業からコーヒー産業へと大転換をはかることになりました。

日本のコーヒー伝来から本格大衆化の時代へ

はじめに長崎出島へ

一六三九年（寛永十六年）から鎖国政策をとっていた日本では、コーヒーは長崎出島に出入りしていたオランダ人によって一六九〇年頃もたらされました。とはいえ、当時オランダ人と交流のあった日本人は通訳、役人、商人、遊女などの限られた人たちだけでした。狂歌・洒落本で有名な大田蜀山人も飲んだようですが、その感想は「紅毛船にて（カウヒイ）というものを勧む、豆を黒く炒りて粉にし、白糖を和したるものなり、焦げ臭くして味うるに堪えず」といまひとつだったようです。

文明開化のハイカラ飲料

わが国に初めてコーヒーが輸入されたのは一八七七年（明治十年）のことです。その量は一八トン。コーヒーは文明開化に花を添えるハイカラな飲み物として特権階級の間でもてはやされ、一八八六年（明治十九年）には東京日本橋にコーヒーを提供した記録がある「洗愁亭（せんしゅうてい）」で開店しました。そして一八八八年（明治二十一年）、日本の近代喫茶店のはじまりと評される「可否茶館（かひさかん）」が鄭永慶（ていえいけい）の手によって東京・上野に開店します。玉突き、トランプ、図書などの娯楽設備や便箋、封筒などの文具も備えてあり席料は一銭五厘、メニューはコーヒー一杯一銭五厘、牛乳入りコーヒー二銭菓子付きなら三銭で紅茶はなかったようです。その後浅草、大阪、銀座などに喫茶店の開店が相次ぎ当時の学者や文化人たちが文学や芸術を論じるサロンとなりました。

本格大衆化の時代へ

大正・昭和と国内のコーヒー需要は増加の一途をたどり、一九三七年（昭和十二年）にはピークを記録し、黄金時代を迎えます。しかし、第二次世界大戦に突入すると一転、「ぜいたく品」「敵国飲料」として一九三八年（昭和十三年）には輸入制限が始まり、暗黒時代へと突入

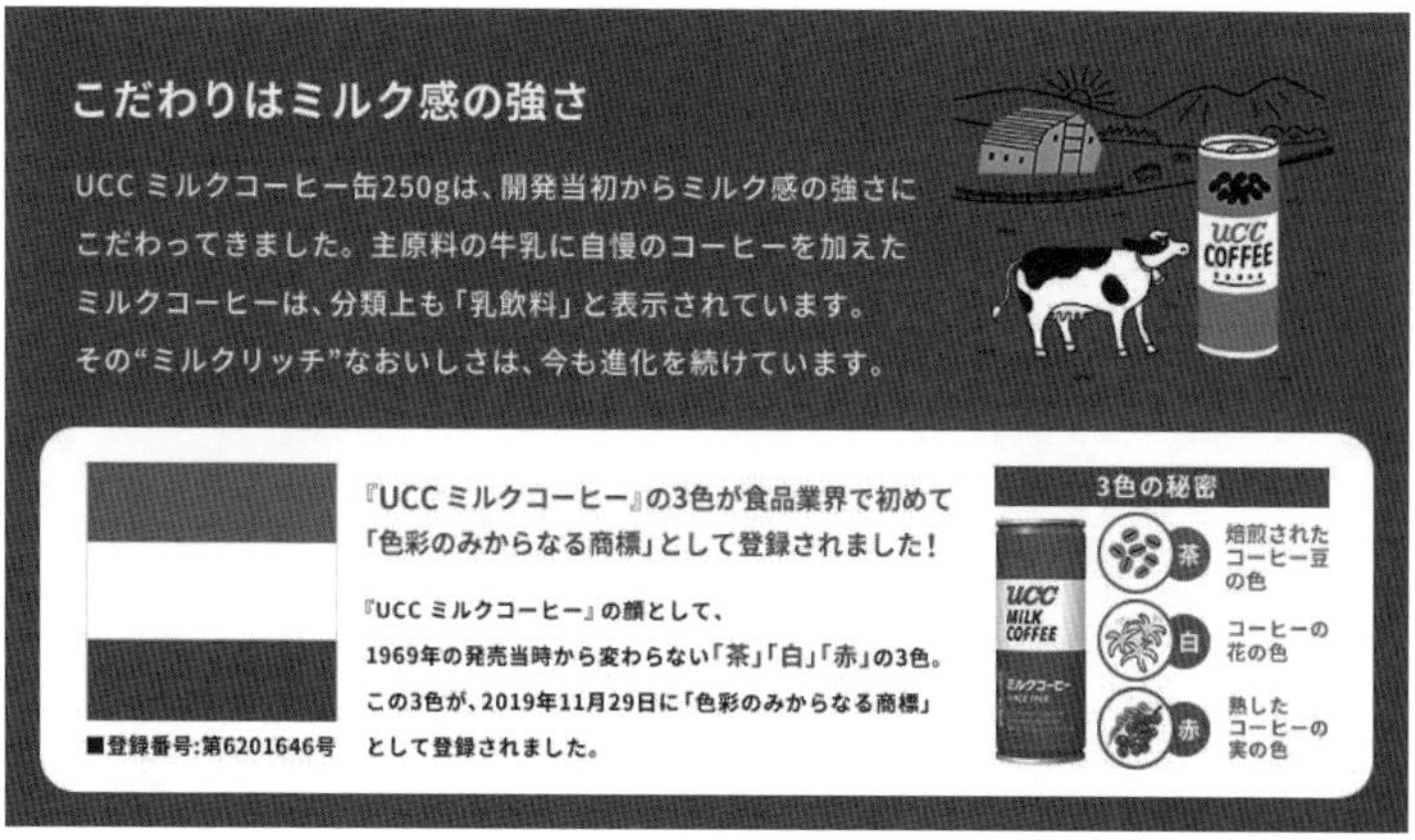
こだわりはミルク感の強さ
UCC ミルクコーヒー缶250gは、開発当初からミルク感の強さにこだわってきました。主原料の牛乳に自慢のコーヒーを加えたミルクコーヒーは、分類上も「乳飲料」と表示されています。その“ミルクリッチ”なおいしさは、今も進化を続けています。
UCC
COFFEE
『UCC ミルクコーヒー』の3色が食品業界で初めて「色彩のみからなる商標」として登録されました！
『UCC ミルクコーヒー』の顔として、1969年の発売当時から変わらない「茶」「白」「赤」の3色。この3色が、2019年11月29日に「色彩のみからなる商標」として登録されました。
■登録番号:第6201646号
3色の秘密
UCC
MILK
COFFEE
ミルクコーヒー
茶
焙煎されたコーヒー豆の色
白
コーヒーの花の色
赤
熟したコーヒーの実の色

図5　世界初の缶コーヒー（出典：UCC 製品説明パンフレット）

します。戦争が終わると、一九五〇年（昭和二十五年）には輸入が再開され、一九六〇年（昭和三五年）にコーヒーの自由化が始まり、本格的な市場競争が展開されるようになりました。

日本人の発明秘話

一八九九年（明治三十二年）、化学者の加藤博士は、世界で最初にインスタントコーヒーの製品化に成功しました、その後アメリカで製品を発表しましたが特許を取らなかったため、幻の発明者と言われています。

一九六九年（昭和四十四年）にＵＣＣ上島珈琲株式会社の創業者である上島忠雄が、世界で最初に缶コーヒーの開発に成功しました。発売以来ロングセラーとなり二〇一九年十一月（令和元年）に食品業界で初めて「色彩のみからなる商標」として登録されました。

日本人移民の汗の結晶

一九〇八年（明治四十一年）第一回ブラジル移民船「笠戸丸」が神戸からブラジルのサントスへ向け出航しました。

日本人の水野龍は皇国植民会社を創設し、サンパウロと三年契約を結んで、第一回は一九〇八年五月、第二〜三回はそれぞれ四月のサントス着を目指して毎年一〇〇〇人を送り出しました。到着月はコーヒーの収穫時期に合わされたものです。

第一回は出航が遅れ神戸からサントスまで五十二日の航海でした。熱帯・亜熱帯を通る西航ルートで六月十八日に到着しました（この日を記念して日系ブラジル人社会と日本では六月十八日を「移民の日」と定めています）。契約移民は七八一人（約一六〇家族）で九州、沖縄の出身者が多く、男女比三：一、船賃は一人一六五円でした（うち一〇〇円程度をサンパウロ州が補助）。

第二次世界大戦までのラテンアメリカへの日本人移民は、ブラジル約一八万九〇〇〇人、ペルー約三万三一〇〇人、メキシコ約一万四五〇〇人、アルゼンチン約五四〇〇人、その他二六〇〇人で合わせて二四万人以上にもおよびました。

移民事業の功績・銀座「カフェ・パウリスタ」

一九一一年（明治四十四年）東京銀座に「カフェ・パウリスタ」の一号店を開店。カフェ・パウリスタは三階建ての白亜の館で大理石のテーブルを配した豪華なお店でした。コーヒー一杯が五銭、銀座に先に開店していた「プランタン」の約三分の一の値段だったのでたちまち大人気になりました。大正時代にはいると「カフェ・パウリスタ」は二〇店以上の店舗を構えコーヒーの普及に大きく貢献し全国各地に出店されていきました。

ブラジル移民のための国立移民収容所

一九二八年（昭和三年）、日本政府の移民奨励事業の一環として、神戸に国立移民収容所が開業されました。ブラジルへ移民する人々が出航まで利用できる宿泊施設として六〇〇人を収容できる大規模なものでした。一室一二名、病院のようなベッド、八人用の食卓や浴室、洗面所、トイレ、洗濯場などの設備があり、室内は移民船の内装を模していました。

一九五二年（昭和二十七年）には神戸移住センターと改称し、一九七一年（昭和四十六年）に神戸最後の移民船「ぶらじる丸」が出航した後に閉鎖され、同時に日本のブラジル移民六三年の歴史にも終止符が打たれました。

図６　COFFEE WAVE（出典：UCC コーヒーアカデミーセミナー資料）

現在では「海外移住と文化の交流センター　移住ミュージアム」と改称し、一般公開しています。

COFFEE　WAVE

コーヒー界の大きな変遷、波、「COFFEE　WAVE」についてお話したいと思います。まず一九〇〇年前後から始まるFIRST WAVEは大量生産大量消費の時代です。一八〇〇年後半は、ヨーロッパからアメリカへ移住する人が多くなってきていて、ニューヨークに人が密集していたが、どんどん西へ流れて行きました。そのころのコーヒーは、生豆で購入し、主婦が家で焙煎していた。コーヒーが非常に高価で、飲用するまでには手間暇がかかりました。焙煎の際にでるチャフ（シルバースキン）の掃除も大変でしかも焙煎時間も二〇～三〇分かかる、非常に大変な作業でした。その当時に開発されたのが真空パックの技術です。真空パックの開発によるコーヒーの大量焙煎と長期保存が可能になり、インフラ整備とも相まって流通経路も発達しました。

そのため、遠くまで運ぶことができるようになり、ショップ・スーパーに行けばすぐ買えるようになり、家庭や職場に急速にコーヒーが広まっていきました。

どんどん消費が進む一方、当時は品質より価格重視でお客様がコーヒーを購入するため、メーカーの価格競争が始まり低価格が優先の時代になっていきました。

次に一九九〇年代に起こったSECOND　WAVEはシアトル系カフェブームの到来です。ファーストウェーブの価格競争でコーヒーの品質が低下、その反動で起こったのが《品質を重視する深炒りムーブメント》です。スターバックスなどのカフェラテ時代が到来します。

そして二〇〇〇年代に巻き起こったスペシャルティコーヒー時代と言われるTHIRD　WAVEです。

カッピングの評価基準の確立によるコーヒー本来の味覚特長を最大限に活かした高付加価値に注目が集まります。ワインのような高次元な嗜好品時代です。そしてNEXT　WAVEへどのような波がきているのでしょうか？　また今後将来どのような波がやってくるのかワクワクします！

ＮＥＸＴ　ＣＯＦＦＥＥ　ＷＡＶＥは？

ここで少し二十年前と比較して現在のコーヒー関連のデータから傾向をみてみたいと思います。近年、コンビニのカウンターコーヒーで爆発的に日本の消費者の飲用スタイルが変わり、またコロナという未曽有のパンデミックを経て、家庭での飲用やアウトドアでの飲用など、コーヒーの飲用シーンが大きく様変わりしてきていると感じています。

次頁のグラフはここ二十年の世界のコーヒー生産量と消費量の推移を表しています。いずれも一五〇パーセントも増えています。次々頁の図は日本のコーヒー消費量で二十年前と比較すると一〇八パーセント増えています。

続いて日本のコーヒー関連のデータについて中身を見て頂きましょう。一五三頁の表から二十年間で日本の国内コーヒー消費量は約一・三倍になっていますが、近年では下降傾向にあることが判ります。それでは日本人はコーヒーを飲まなくなってきているのでしょうか？　一週間あたりの飲用杯数をみてみると一人あたりの摂取杯数は実は一～二杯増えているのです。要因は日本の人口減少にあるのではと考えられています。次にその内訳としてどのような場所でどのようなコーヒーが飲まれているか、データを見ながらご説明します。

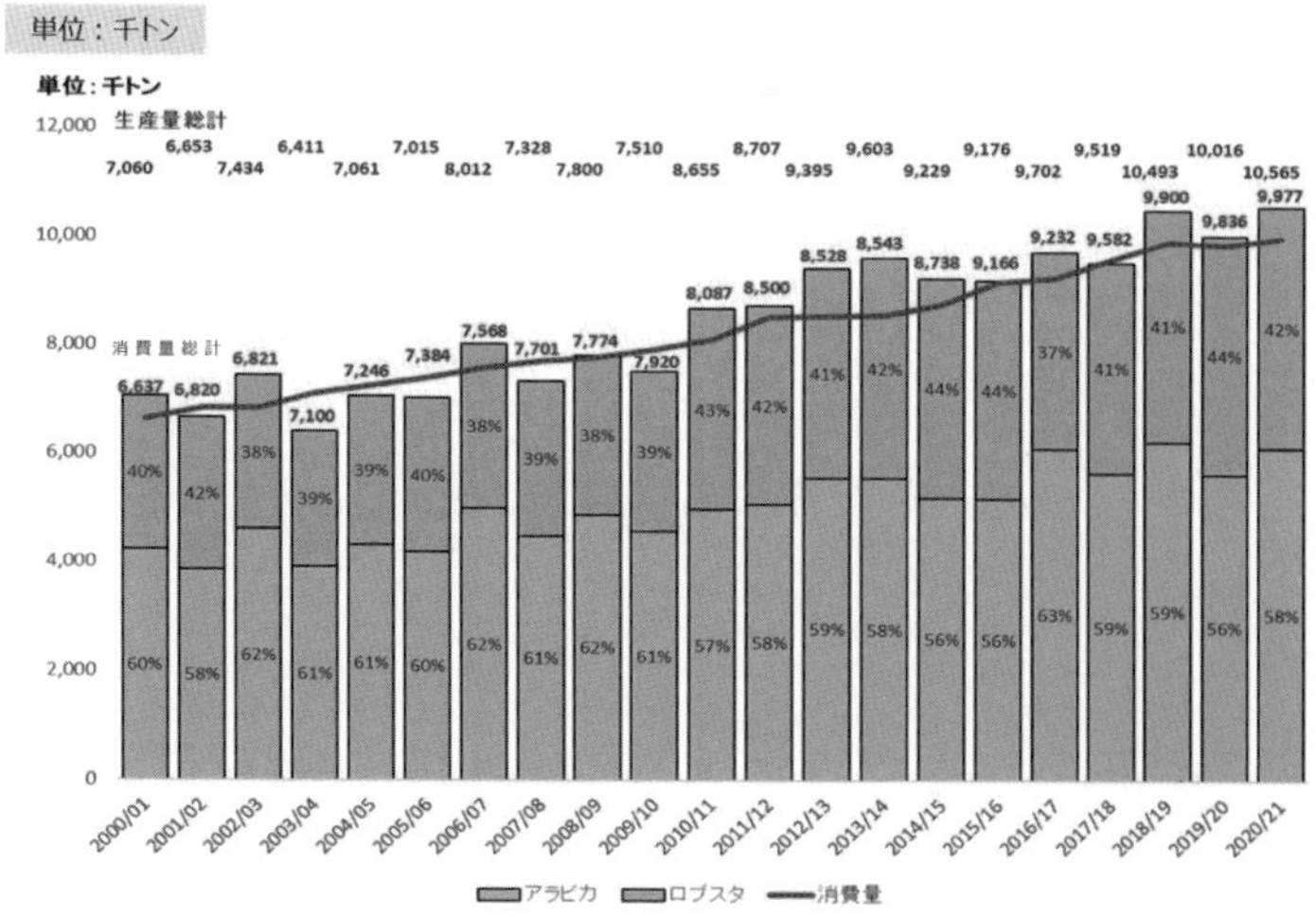

図7　世界のコーヒー生産量・消費量の推移（出典：全日本コーヒー協会 HP 統計資料）

（単位:トン）

年	供　　給				国内消費 ⑦	輸出量 (生豆換算)⑤	期末在庫 ⑥
	期首在庫 ①	生豆輸入量 ②	製品輸入量 (生豆換算)③	供給計 ④			
平成 8(1996)	50,153	326,914	34,631	411,698	352,189	813	58,696
9(1997)	58,696	325,233	33,363	417,292	359,889	2,061	55,342
10(1998)	55,342	332,386	30,945	418,673	364,244	1,057	53,372
11(1999)	53,372	363,418	31,055	447,845	378,081	672	69,092
12(2000)	69,092	382,230	33,860	485,182	399,298	2,083	83,801
13(2001)	83,801	381,745	39,565	505,111	413,343	8,588	83,180
14(2002)	83,180	400,771	38,968	522,919	415,420	14,042	93,457
15(2003)	93,457	377,647	38,550	509,654	407,188	8,716	93,750
16(2004)	93,750	400,977	35,155	529,882	427,949	5,189	96,744
17(2005)	96,744	413,264	37,344	547,352	433,607	3,920	109,825
18(2006)	109,825	422,696	35,811	568,332	436,138	2,820	129,374
19(2007)	129,374	389,818	35,959	555,151	438,384	5,248	111,519
20(2008)	111,519	387,538	36,120	535,177	423,184	10,721	101,272
21(2009)	101,272	390,938	34,497	526,707	418,538	7,558	100,611
22(2010)	100,611	410,530	33,957	545,098	431,217	8,577	105,304
23(2011)	105,304	416,805	35,867	557,976	420,932	4,812	132,232
24(2012)	132,232	380,041	41,646	553,919	428,068	4,247	121,604
25(2013)	121,604	457,142	45,997	624,743	446,392	5,475	172,876
26(2014)	172,876	409,473	50,233	632,582	449,908	6,651	176,023
27(2015)	176,023	435,362	48,618	660,003	461,892	6,992	191,119
28(2016)	191,119	435,268	46,496	672,883	472,535	6,628	193,720
29(2017)	193,720	406,449	52,513	652,682	464,686	6,755	181,241
30(2018)	181,241	401,249	51,338	633,828	470,213	7,435	156,180
令和元(2019)	156,180	436,654	45,940	638,774	452,903	9,469	176,402
2(2020)	176,402	391,713	47,567	615,682	430,719	21,699	163,264
3(2021)	163,264	402,241	51,180	616,685	423,706	23,626	169,353
2022(速報)	169,353	390,208	54,401	613,962	432,873	23,621	157,468
対前年比%	(3.7)	(▲3.0)	(6.3)	(▲0.4)	(2.2)	(▲0.02)	(▲7.0)

③はRC、IC、エキス、エキス調製品を含む　⑤は生豆、RC、IC、エキス、エキス調製品を含む
④=①+②+③　⑦=④−⑤−⑥

注 1. RCはレギュラーコーヒー、ICはインスタントコーヒーである。
2. 需給表は生豆ベースである。
3. ①⑥は全協調べ、②③⑤は財務省貿易統計。

図 8　日本のコーヒー国内消費量（出典：全日本コーヒー協会 HP 統計資料）

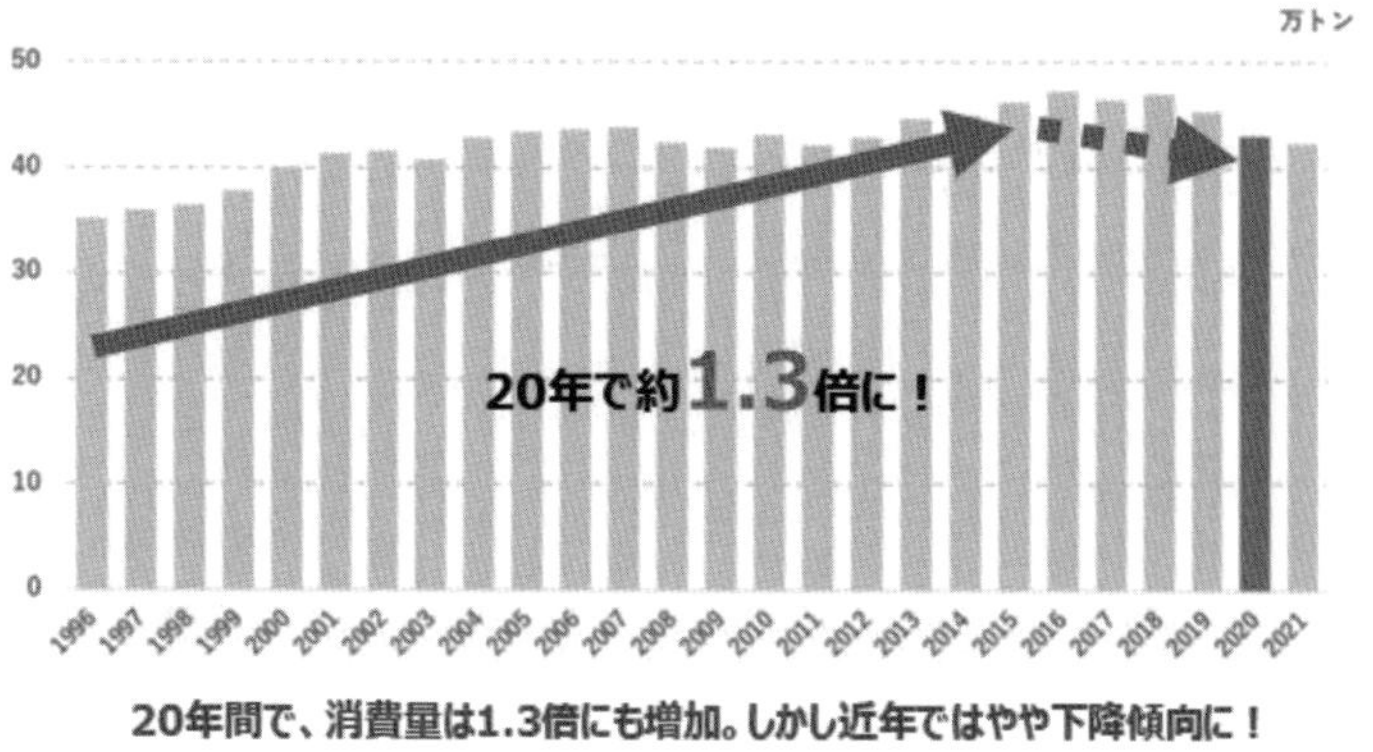

図 9-a　日本のコーヒーの国内消費量の推移（出典：全日本コーヒー協会 HP 統計資料）

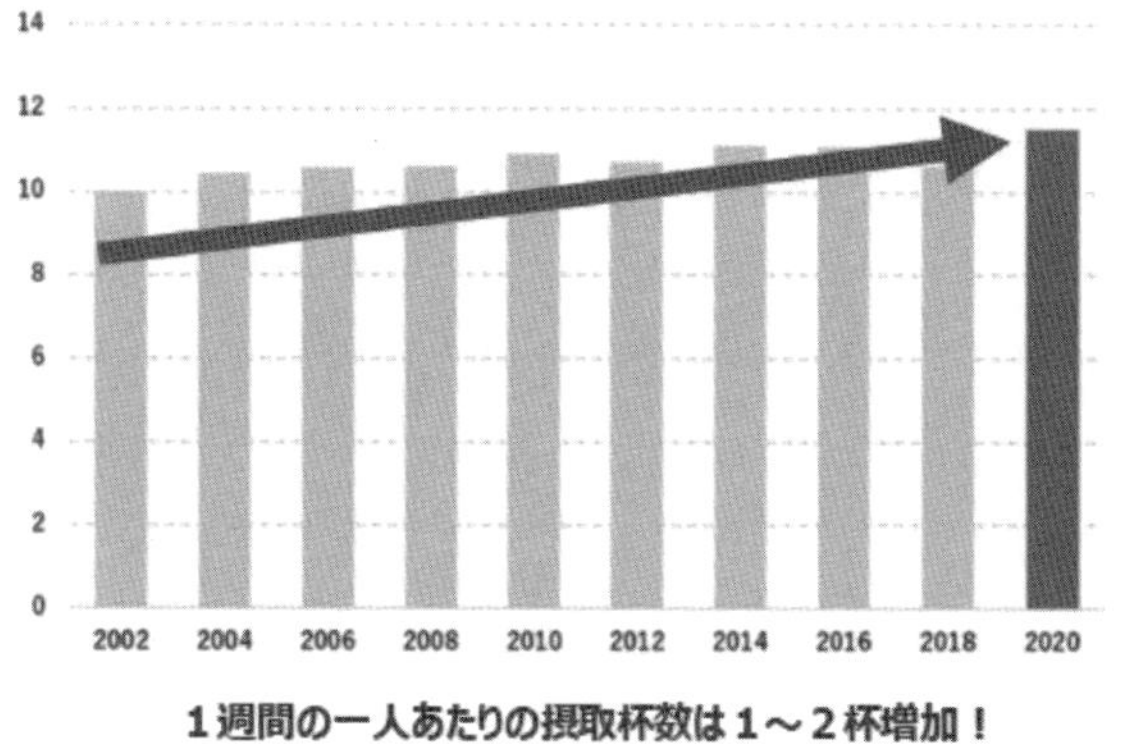

図 9-b　1 週間あたりのコーヒー飲用杯数（出典：全日本コーヒー協会 HP 統計資料）

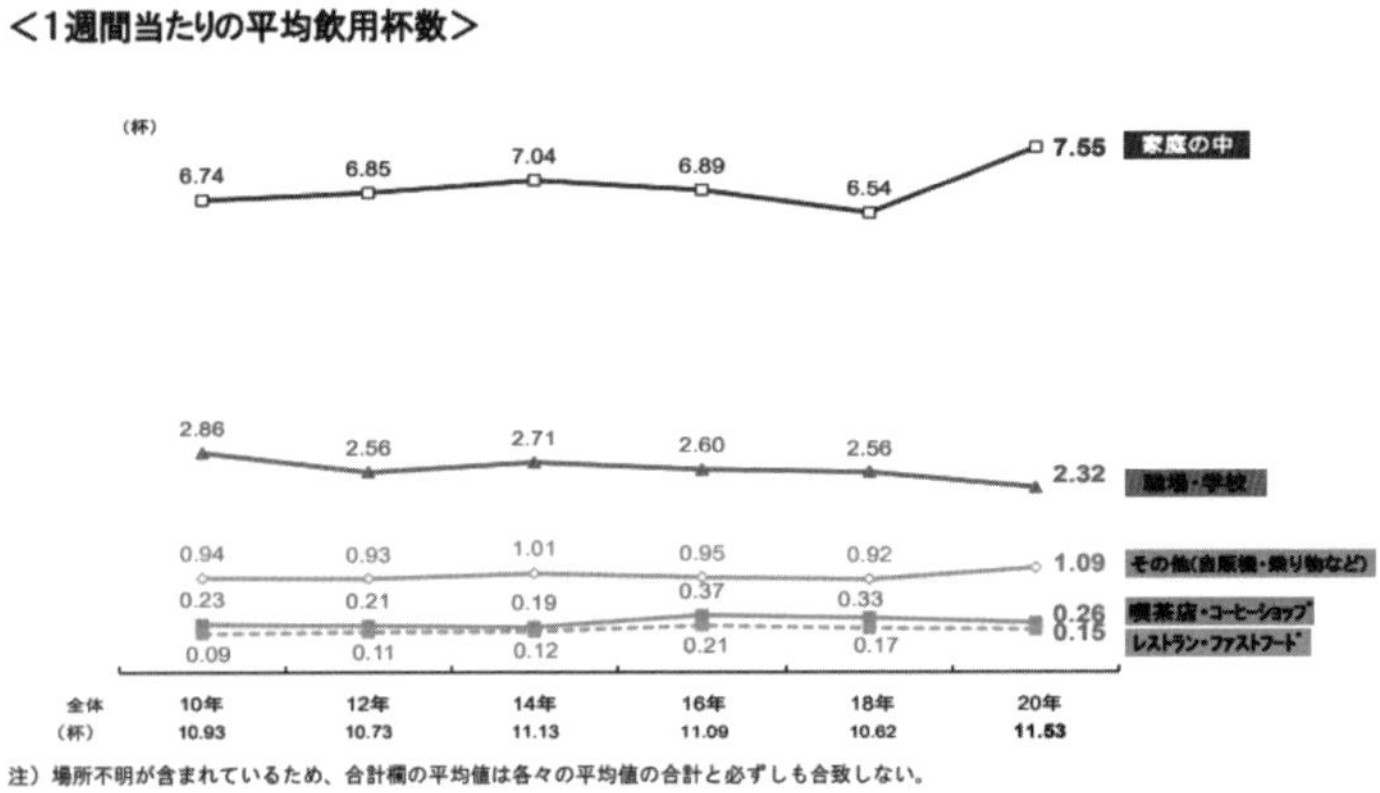

図 10　場所別平均コーヒー飲用杯数の推移（出典：全日本コーヒー協会 HP 統計資料）

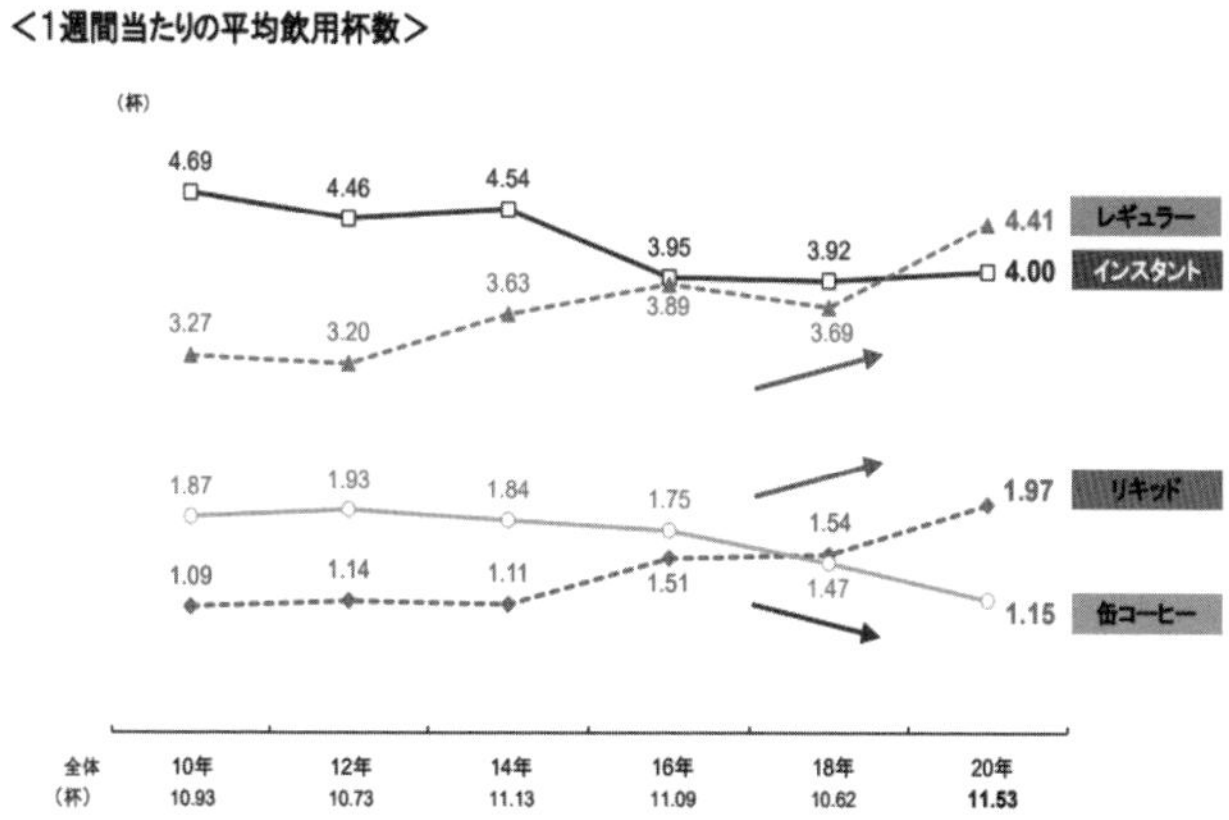

図 11　形態別平均コーヒー飲用杯数の推移（出典：全日本コーヒー協会 HP 統計資料）

一五四頁の図は飲用場所別に一週間当たりの日本の平均飲用杯数を時系列で追ったデータです。コロナというパンデミックの影響も大きいと考えられますが、家庭内でコーヒーを飲用する機会が増えてきていると言えます。

一五五頁の図はどのような形態のコーヒーが飲まれているかを時系列で示したデータです。缶コーヒーが減少し、レギュラーコーヒーとリキッド（ペットボトル）が増えてきています。コンビニエンスストアでのカウンターコーヒーが定着して手軽に挽きたて淹れたてのレギュラーコーヒーを飲むことができるようになったことやペットボトルはキャップ付きで飲みたい時に少しずつ飲むことができるという利便性も影響しています。つまり、消費者のコーヒーの飲用シーンや飲用形態が時代とともに変化してきていることがわかります。近い将来、コーヒーの新たな波がどのようにやってくるのか興味深いですね。

それでは最後にご家庭でおいしいコーヒーを淹れるワンポイントをご紹介させて頂きます。

ご家庭でおいしいコーヒーを淹れるワンポイント

おいしいコーヒーを淹れるためには、さまざまな条件や原則があります。ちょっとした心づかいでいつものコーヒーがよりおいしくいただける、抽出の基本原則をご紹介します。

おいしいコーヒーを淹れるための基本原則

①新鮮な焙煎豆を使うこと
②器具に合った挽き方をすること
③コーヒー粉は適正な分量を守ること
④適切な水を使うこと
⑤清潔な器具を使うこと
⑥適切な抽出温度と抽出時間を守ること

抽出器具によりコーヒーの挽き方を変える理由として、日本茶も細かく砕けば砕くほどよく抽出されますがコーヒーも同様で、豆の粒度（メッシュ）と抽出効率には深いかかわりがあります。粒子が細かいほど表面積が広くなり、湯と接触面積（抽出面積）が拡大されるので、色も味もよく抽出されます。

しかし、ただよく出れば良いというものではありません。コーヒーの成分の中で、「おいしい」部分だけを上手に抽出することが大切です。抽出器具によって、湯との接触の仕方が異なるので、可溶性固形分の抽出効率も変わってきます。挽き方を変える必要があるのはこういうわけなのです。

コーヒーをおいしく飲むためには、コーヒー豆の品質、抽出方法などが重要な要因ですが、抽出に使用する水にも注意が必要です。コーヒー液中にはコーヒー豆に起因する成分（可溶性固形分）が一～二パーセント程度で、その他は水であることからも理解できます。水はその中に溶け込んでいるミネラル分の量を目安として、硬水、軟水に分けられます。日本の水は軟水が多く、海外（特にヨーロッパ）のものは硬水が多くあります。硬水と軟水のどちらの水がコーヒーに適しているかは、意見が分かれるところですが、ご家庭でコーヒーを淹れる時は極力、浄水器などを通した水を使用すること。水道水にはさまざまな不純物や塩素などが含まれていますので、浄水器を通した水を使用することをお勧めします。朝、蛇口から出る最初のお水は使用しないこと。上述のとおり水道管の中のサビやスケール（水あか）などが多量に含まれている可能性がありますので一度蛇口から水を出した後、使用することをお勧めします。

ペーパードリップの抽出手順――三投式

それでは今回はペーパードリップによるコーヒーの淹れ方についてご紹介します。

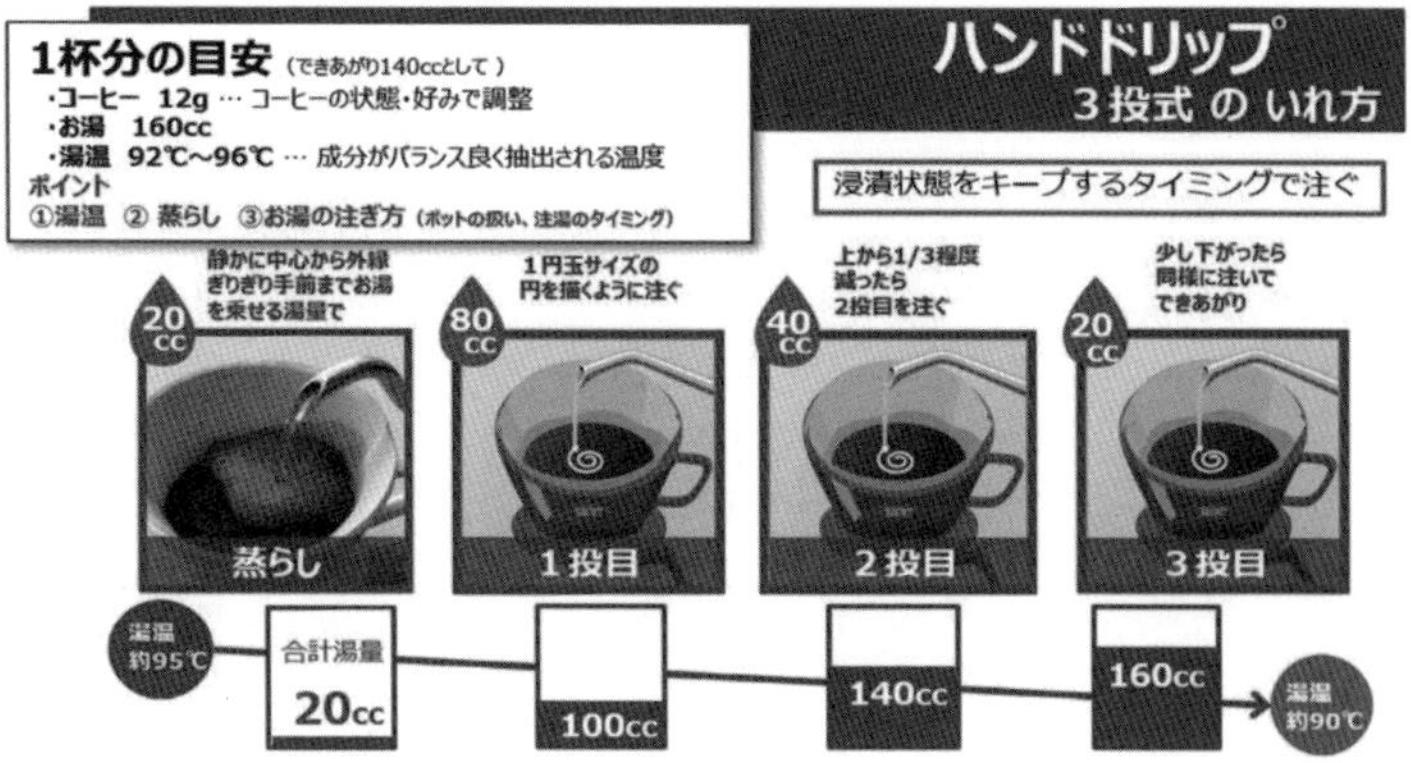

図12 ハンドドリップ3投式の淹れ方（出典：UCCコーヒーアカデミーセミナー資料）

①使用する器具を湯煎します
↓低温抽出を防ぐためとサーバーを保温して抽出したコーヒーが冷めないようにします
②ペーパーフィルターをドリッパーにセットします
↓底と側面をミシン目に沿って互い違いに折り曲げドリッパー押し付けしっかりとセットします
③コーヒーの粉を入れたあと粉を平らにすること
↓均一な蒸らしを行うために必要です（軽くならす程度）
④蒸らし
↓一度沸騰したお湯が一旦静まり九二～九六度になったら、中心からそっと粉全体にお湯が行き渡るまでらせん状に注ぎます

【蒸らしの目的】

・ガス抜き……コーヒーに含まれる炭酸ガスを抜く
・湯の通り道を確保……粉全体に湯を染み渡らせる事により湯の通り道を確保し抽出効率を上げる
＊蒸らしの時間は二〇秒前後（粉の状態で変わります）
↓湯は低い位置から注ぐ中心から乗せるように

↓湯を注ぐ範囲は外延部に注がないこと（お湯がコーヒーを通らずに抜けてしまうから）
↓注ぐお湯の量は必要最小限（サーバーにぽたぽたと垂れる程度）

⑤注湯のポイント
↓低い位置から注ぐお湯の接地角度九〇度
↓注ぐ範囲の目安は一円玉くらいの円
↓注ぐお湯の量と抽出されるコーヒー液の量が同量

⑥抽出が完了
↓最後の注湯を終えたとき、コーヒー抽出後の粉がふちと表面は微粉と泡、底は粗い粉の状態で厚い層のようになっていれば、理想的な抽出が行われたことを表しています

モニュメントで辿る神戸・阪神間の珈琲ツーリズムの可能性

海老良平

はじめに

本稿は、二〇二三年三月四日に大手前大学で開催された交流文化研究所二〇二二年度シンポジウム「珈琲で語り合う人・文化・地域の交流」において発表した「神戸・阪神間の珈琲ツーリズムの可能性」をもとに加筆したものである。

現在、わが国においては、喫茶店、カフェから缶コーヒー、コンビニコーヒーに至るまで、多種多様な需要を有する世界屈指の珈琲消費大国とも言われるが[1]、近年では店舗で珈琲を購入するだけでなく、自宅で本格的な焙煎や抽出が行える器具を揃えて珈琲を楽しむような趣味を持つ人々も増えていると言われる。また、スターバックスコーヒーなどのグローバルチェーンに続き、第三の珈琲と言われるスペシャルティコーヒーを扱うところも各地に増えており、地域によっては各店舗同士の連携による珈琲の試飲会やワークショップ等のイベントの開催を通じて、地域内外での消費者の交流を図っているところも見られる。

これまでの歴史を振り返っても、珈琲とは人々の社交にとって重要な役割を果たしてきたものでもあり、そこには単なる嗜好品以上の意味があり、また現代社会において希薄となりがちな市民同士を結びつける役割を果たす珈琲には、地域コミュニティを再構築しうる可能性も秘めていると言えよう。

さて、今回のシンポジウムはその珈琲をテーマに、文系、理系を問わない多面的な研究分野から、そして地元の産業界からの視点も加えて議論することを目的とするものであった。会場となった大手前大学さくら夙川キャンパスが立地する阪神間地区には、明治から昭和初期にかけて蓄積された阪神間モダニズムと称される文化的な歴史基盤があり、さらにその隣町の神戸には、開港以降の珈琲輸入の窓口として、また、現代における珈琲豆の最大の輸入先となっているブラジルとの一〇〇年にわたる移住の歴史があり、まさに神戸・阪神間とは、わが国の近代化の中で根付いていったモダンな消費生活の象徴としての珈琲を語り合うにふさわしい場所であるとも言える。その中で筆者は神戸と阪神間に息づく珈琲をめぐる歴史文化資源の観光への活用の可能性を考える試みを主題として発表を行った。現代の観光振興においては、地域に眠る潜在的資源を掘り起こす視点が必要であるとも言われるが、神戸と阪神間にはすでに灘の日本酒という世界的ブランド力を有する文化資源がある一方で、珈琲にもこの地を訪れるに値する新たな地域資源としての可能性があるとも考えられる。本発表は珈琲をめぐる地域の歴史を辿りながら、地域観光の対象となる可能性を探っていくものであった。

旅と地域の食文化

フードツーリズムとは

旅先でしか味わえない食文化に触れることは、老いも若きも、旅の行程にとって楽しみの主要な部分を占めるものである。日本交通公社が発行する『旅行年報二〇二三』によれば、日本人の国内宿泊旅行、海外宿泊旅行の動機において、最も多かったのが「日常生活から解放されるため」（六四・七パーセント）で、続いて「旅先のおいしいものを求めて」（六三・六パーセント）であった。また、行ってみたい旅行タイプ別でも、「グルメ」は「温泉旅行」（四八・六パーセント）、「自然旅行」（四六・〇パーセント）に次ぐ旅の主要な目的でもあり、食は温泉や自然といったわが国の代表的な観光資源に並ぶものであると言えよう。(2)

また、観光庁が調査した「訪日外国人の消費動向」によれば、外国人が訪日前に最も期待していたことは「日本食を食べること」（七八・三パーセント）が最も多く、また、今回の訪日でしたこと、次回日本を訪れた時にしたいことでも「日本食を食べること」が他の目的を大きく引き離す結果となっており、こちらも日本の食文化が重要な観光資源となっていることが窺える。(3)

このような食を楽しむことを主な目的とする観光の形態は一般にフードツーリズムと言ったりもするが、安田（二〇一三）はフードツーリズムについて、「地域住民が誇りに感じ食している、その土地固有の食材、加工品、料理、飲料、およびその食に係わる空間、イベント、食文化」を地域の食とし、また「食が空腹を満たすだけのものではなく『楽しむ』活動であること、食自体を味わうだけでなく食を通して地域の人々との交流や風土を楽しむこと、また食の『購買』や『体験』、さらに今後生み出される新しいスタイルの『楽しみ方』も含めての概念」をその食や食文化を楽しむこととした上で、「地域の特徴ある食や食文化を楽しむことを主な旅行動機、主な旅行目的、目的地での主な活動とする旅行、その考え方」と定義づけている。(4)

消費の対象が「モノからコト」に移りつつある現代社会においては、食を目的とした観光もただ「見る・食べる・飲む」だけでなく、その生産や製造の工程を農場や工場などで体験し、学び、さらには生産者との触れ合いといった、食事以外の活動に主眼を置いた観光にも広がりを見せている。また、食文化は遍く地域の歴史の中で蓄積された資源であることから、地元の生活文化に密接に関わるグルメ資源を題材にまちおこしに取り組んだり、就業者の減少が著しい農林水産業の振興のための移住者誘致の手段として、地方を中心に食文化を通じた観光振興が取り組まれている。そのように多様に広がるフードツーリズムの目的や旅行者の活動であるが、安田（二〇一三）はその形態を以下のように分類している。(5)

（1）地域の特徴ある高級食材を用いた料理や美食を楽しむ「高級グルメツーリズム」
（2）地域の暮らしから生まれたB級グルメやご当地グルメを楽しむ「庶民グルメツーリズム」
（3）安価な庶民グルメから高級グルメまで地域の名物料理を楽しむ「マルチグルメツーリズム」
（4）地域で生産される食材や食加工品を市場や道の駅、産地直売所などで購入する「食購買ツーリズム」
（5）味覚狩りや農業・漁業・酪農体験などを通じて地域の食に係わる生産工程の体験や生産者との交流を楽しむ「食体験ツーリズム」
（6）ワイナリーや日本酒の酒蔵を訪れる「ワイン・酒ツーリズム」

中でも「ワイン・酒ツーリズム」においては、農園や酒蔵見学を中心として、生産地全般を広く包含して旅を楽しむ「テロワールツーリズム」と言われる観光の形態が近年注目されている。「テロワール」とはフランス語で「土地」のことを指す言葉であり、ワイン生産用のブドウなどの産地を構成する気候や地形をはじめ、人的資本、ネットワークに至るまで、生産地を構成する各種要因を包含する概念であるが、二〇一〇年に国際ブドウ・ワイン機構は「テロワール」についてその定義をこのように示している。

ブドウ栽培の「テロワール」とは、特定可能な物理的および生物学的環境とそれに適用されるぶどう栽培の実践の間における相互作用に関する集合的な知識が発展し、この地で生まれた生産物に独特の特徴を与える地域を指す概念である。(6)

テロワールツーリズムと神戸・阪神間の酒造り

この「テロワール」をテーマとして、二〇二三年に兵庫県内の各自治体と観光協会、JR西日本の連携によって推進されたデスティネーションキャンペーンが「兵庫テロワール旅」である。兵庫県は県の北部を日本海、南部を瀬戸内海という特徴の異なる海に挟まれ、また中国山地を背にした内陸部、さらに瀬戸内海には淡路島をはじめとする島々など、多種多様な風土に恵まれた地域である。さらにはかつての地方制度であった摂津、播磨、丹波、但馬、淡路の五つの国によって構成された歴史も持つことから「兵庫五国」とも呼ばれ、五国各々に異なる風土や生活様式によって育まれた、その土地ならではの多様な食文化も有している地域でもある。

その兵庫県の伝統的な食文化の一つでもあり、テロワールツーリズムの象徴とも言える地域観光資源が、旧摂津国の地域でもある神戸・阪神間に根付く日本酒文化である。その中核となる地域は西宮市及び神戸市東部にかけての、いわゆる灘五郷と呼ばれる地帯で、西郷（神戸市灘区）、御影郷、魚崎郷（ともに神戸市東灘区）、西宮郷、今津郷（ともに西宮市）の各地区には、二三の蔵元によって灘五郷酒造組合が構成されており、西郷の沢の鶴、御影郷の菊正宗や白鶴、剣菱、魚崎郷の櫻正宗、西宮郷の白鹿、白鷹、日本盛、今津郷の大関といった日本を代表する酒造メーカーが軒を連ねる。

国税庁の「清酒製造業及び酒類卸売業の概況」によれば、二〇二一年の清酒の都道府県別の売上数量において、兵庫県は九万八九四一キロリットルで京都府に次ぐ全国二位となったものの、それまで長らく全国一を誇っており、また近年では海外への輸出が五七〇三キロリットルで全国一位と、灘五郷は全国屈指の酒どころとなっている。

この灘五郷と地域の関わりについては、二〇一八年に国税庁から「お酒の地理的表示（GI）」の指定も受けている。この地理的表示制度とは、酒類の確立した品質や社会的評価がその酒類の産地と本質的なつながりがある場合に産地名を独占的に表示できる制度のことで、ヨーロッパのワインの原産地呼称制度を起源とするものである。日本では世界貿易機関（WTO）の発足に際し、国税庁が「地理的表示に関する表示基準」を一九九四年に制定し、二〇二三年現在で全国で一三カ所に日本酒産地のGIを指定するなど、国内外の地理的表示の適正化を図っている。この表示により、正しい産地を示すことはもとより、国内外に対して日本産酒類のブランド価値の向上を図るものとして活用されている。

　さて、灘五郷における酒造の歴史は古く、室町時代に端を発するとも言われるが、著しく発展したのは十八世紀半ばであった。それまでの酒造りは十七世紀半ばに発布された酒株制度によって農民の酒造は厳しく規制されたと言われ、酒造地が集まっていたのは天下の台所と呼ばれた大阪周縁の伊丹や池田などの地域であった。地域内での消費需要が乏しかった伊丹や池田では、大都市の江戸への酒の販売を目的とした酒である下り酒が発達し、江戸時代の『摂津名所図会』では「名産伊丹酒」として「酒匠の家六〇余戸あり。みな美酒数千石を造りて、諸国へ運送す。特には禁裏調貢の御銘を老松と称して、山本氏にて造る。あるいは富士白雪の名酒は筒井氏にて造る（……）其外家々の銘を斗樽の外巻に印して、神崎の浜に送り、渡海の船に積んで、多くは関東に遣す[7]」とも紹介されている。

　その後、十八世紀半ばになると「勝手造り令」の発布によって、灘地域にも酒造が次第に広がりを見せ、酒造りの顕著な発展が見られるようになるが、この時代に灘の酒の発展の要因となったのが灘特有の地理的条件に基づいたテロワールの充実でもあった。

銘酒の水を物語る文化遺産

先に挙げた「お酒の地理的表示（GI）」では、「酒類の産地に主として帰せられる酒類の特性に関する事項」「酒類の原料及び製法に関する事項」「酒類の特性を維持するための管理に関する事項」「酒類の品目に関する事項」の四項目における生産基準が定められている。そのうち灘五郷における「酒類の特性が酒類の産地に主として帰せられることについて」においては、「自然的要因」が次のように示されている。

『灘五郷』は北に六甲連峰、南に大阪湾を望む東西に長い帯状の地域。冬には西からの季節風が六甲おろしとなって吹き降りてくる地形が、寒造りに極めて適した気候をもたらしています。さらに、灘五郷の海辺に迫る山系の急斜面は東西一〇キロメートルの間に九本の急流を集めていたことから、古くはこの水力を利用した水車精米により、高品質な白米を数多く得ることができたほか、沿岸部に接し船積みの便に恵まれ、この地域の酒造業が発展しました。また、「宮水」に代表されるこの地域の地層を通って湧き出る地下水はミネラル分を適度に含み、着色の原因となる鉄分をほとんど含まない酒造りに適した硬水をもたらします。これを仕込み水とすることで、灘五郷特有の酒質が形成されてきました。(8)

この自然的要因に加え、日本三大杜氏の一つに挙げられる酒造技術者集団である丹波杜氏の知識や技術といった人的要因も灘五郷のテロワールを構成するものであるが、特に神戸・阪神間特有の地理的特性に関わりの深い水についての史跡は、灘五郷における酒ツーリズムの対象となる資源としての役割を果たすものでもある。

霊泉「沢の井」

阪神電鉄御影駅高架下に今も湧き出る泉が沢の井である(図1)。一九九七年に神戸市に地域史跡として認定されたこの泉にある石碑には次のような由来があることが記されている。

神功皇后芦屋の浜辺より……の御船をお出しになられた時、住吉大神を勧請せられて征途の平安をお祈りになった後、がいせんご参拝の際この泉の水をお化粧に召されたのに皇后の御姿あざやかにうつしだされたこれが御影の名の起源だといい伝えられている。その後いつのころからかこの霊泉を沢の井と称し里人がくむようになった。後醍醐天皇の御時こ

図１　霊泉「沢の井」（筆者撮影）

の泉で美酒を醸しこれを献上した天皇深くご嘉納あらせられたので無上の栄誉とし嘉納をもって氏族の名としたと伝えられている。いまもなおこの泉は絶えることなく清澄の水こんこんとしてわき永遠にかれぬ霊泉である。

この嘉納家の流れを汲む蔵元が御影郷の菊正宗酒造（本嘉納）と白鶴酒造（白嘉納）である。白鶴の七代目の当主嘉納治兵衛は地域の社会資本の整備に尽力した人物としても知られ、嘉納の寄付によって一九三三年に竣工した御影公会堂は二〇一八年に神戸市の登録有形文化財にも指定されている。また嘉納の美術コレクションを一般に公開する目的で一九三四年に開館した白鶴美術館は、現代の産業ツーリズムの対象の一つでもある企業ミュージアムの先駆けとも言われ、一九九九年に兵庫県の登録有形文化財にも指定されている。

沢の井の泉は観光資源としては長らく有効活用されていなかったが、二〇二〇年に改修され、地元の自治会などは人々の集う場となるよう期待されている。

宮水発祥の地碑

西宮市南部の久保町、鞍掛町、石在町、東町にわたる約五〇〇メートル四方の地域にある浅井戸から汲み上げられて酒造に利用される水が宮水であり、一九八五年に環境省によって名水百選にも選定されている。この宮水の発見は江戸時代の末期の一八四〇年のことであり、魚崎郷の蔵元であった櫻正宗の当主山邑太左衛門は、西宮の蔵で仕込む酒との品質の違いから調査、研究をはじめ、西宮の「梅の木井戸」で宮水の存在を発見した。リンやカルシウム、カリウムなどのミネラルを多く含む硬水としての宮水は、麹菌や酵母といった酒造りには欠かせない発酵作用を促す働きに加え、鉄分をほとんど含まないため、保存にも適した水であった。

現在も灘五郷に属している蔵元の多くが宮水井戸を西宮市内に持っており、この宮水が発見

図2　宮水発祥の地碑（筆者撮影）

された梅の木井戸の横には「宮水発祥の地」の石碑（**図2**）が建てられ、その周辺にある大関、白鹿、白鷹各社の宮水井戸敷地は「宮水庭園」として整備されている。また、毎年新酒の仕込みが始まる十月には宮水発祥の地碑の前で時代装束をまとった各酒造会社の代表が神事に参列し、その後西宮神社に向かう祈願祭も行われ、またこの日は西宮商工会議所などが主体となる「西宮酒ぐらルネサンスと食フェア」や各蔵元の蔵開きも開催され、多くの来場者で賑わう。

珈琲とツーリズム

財務省の「貿易統計」によれば、二〇二二年の日本のコーヒー生豆の輸入量は三九万三二一トンであった。国別で見ればブラジルの一一万二〇三二トン、次いでベトナムが一〇万五七二八トン、コロンビアが四万七一五九トンと、この上位三カ国で世界の約六八パーセントを占めている。一方、輸入量は少ないものの単価が高い国としてケニアやコスタリカなどが注目されている。

珈琲と観光をテロワールツーリズムの視点で言えば、その目的地は上記のブラジルやベトナムをはじめとするコーヒーノキを栽培するコーヒーベルト地帯の国々となる。コーヒーベルト地帯とは赤道を挟んで北緯二五度から南緯二五度までの一帯を指すもので、中南米やアフリカ、アジアなど、現代の珈琲の主要な産地のほとんどがこの一帯に属している。住木（二〇一五）はそのような珈琲豆の産地を訪れるコーヒーツーリズムについて、狭義のコーヒーツーリズムとして次のように定義している。

コーヒーノキを栽培する「コーヒー農園」を訪問して、そこで収穫されたコーヒー豆から生み出されたコーヒーを、その地域において楽しむことを目的とする。[9]

日本においては沖縄県本島や石垣島、鹿児島県徳之島、小笠原諸島の父島などでコーヒーノキの栽培が行われているが、栽培のみで商業的に成功している農園は数が少なく、また、農園の見学や観光客を受け入れる設備や体制が整っていないことから、生産地を訪れるコーヒーツーリズムが定着しているとは言えないという（住木、二〇一五）。

一方、同じく住木（二〇一五）では、珈琲の消費を行う場所を訪れる行動を広義のコーヒーツーリズムとして次のように定義している。

観光客が、各地域にある「コーヒー店」を訪問して、各コーヒー店が行うコーヒー豆の仕入れ、焙煎、配合、粉砕、抽出によって生み出されたコーヒーを楽しむ、あるいは、コーヒーを飲用しながら店の雰囲気を楽しむといった行動。[10]

近年そのような珈琲店として、特にスペシャルティコーヒーの自家焙煎や抽出などにこだわりを持つ店舗が増えている。このスペシャルティコーヒーは以下のように定義されるものである。[11]

（1）消費者（コーヒーを飲む人）の手に持つカップの中のコーヒーの液体の風味が素晴らしい美味しさであり、消費者が美味しいと評価して満足するコーヒーであること
（2）風味の素晴らしいコーヒーの美味しさとは、際立つ印象的な風味特性があり、爽やかな明るい酸味特性があり、持続するコーヒー感が甘さの感覚で消えていくこと
（3）カップの中の風味が素晴らしい美味しさであるためには、コーヒーの豆（種子）からカップまでの総ての段階において一貫した体制・工程・品質管理が徹底していることが必須である。（From seed to cup）具体的には、生産国においての栽培管理、収穫、生産処理、選別そして品質管理が適正になされ、欠点豆の混入が極めて少ない生豆であること
（4）適切な輸送と保管により、劣化のない状態で焙煎されて、欠点豆の混入が見られない焙煎豆であること
（5）適切な抽出がなされ、カップに生産地の特徴的な素晴らしい風味特性が表現されることが求められる

阪神間ではこのスペシャルティコーヒーをテーマに、自治体や商工会議所、観光協会など

が旗振り役となって、市内の珈琲店が参加して都市ブランドの構築に努めているところが見られるようになった。西宮市では二〇二〇年から「にしのみやコーヒーの扉プロジェクト（NISHINOMIYA COFFEE GATE）」を開始し、西宮市内のスペシャルティコーヒーを取り扱う各社と協力しながら、珈琲のまち・西宮というまちづくりを推進している。具体的な活動内容としてはスマートフォンを使ったＷＥＢスタンプラリー、また西宮市内の商業施設で珈琲の試飲や各社のドリップバッグを販売するイベントを開催するなど、精力的にプロジェクトを進め、またコロナ禍において自宅で珈琲を楽しむ人々が増えていることもあり、各店とも集客を伸ばしている。

また、宝塚市では市内のコーヒー事業者たちが中心となって「宝塚珈琲協会」を結成し、コーヒーイベントやコラボ商品の販売、若手女性焙煎士が集った「TAKARAZUKA GIRLS ROASTER」でＰＲ活動を行うなど、珈琲で地域を盛り上げる活動を行っている。

このようなコーヒーツーリズムを振興する際においては、住木（二〇一五）はその珈琲と地域の関係性としてのストーリー性を語ることができる知識や準備が必要であるという。広義のコーヒーツーリズムにおいては、コーヒー農園といったテロワールがそこには見出せないこととなるが、神戸・阪神間には珈琲をめぐる歴史が至るところに散在しているのであり、そのストーリー性を構築することによってコーヒーツーリズムのディスティネーションとしての可能性が見出せるとも考えられる。

神戸・阪神間の珈琲史をめぐる文化遺産

総務省統計局の「家計調査」によれば、神戸市の一世帯当たりの珈琲の年間支出額（二〇二〇〜二〇二二年平均）は七二九一円、購入数量は二八七六グラムである。これを都道府県庁所在市及び政令指定都市別に見ると、支出額で三〇位、購入数量で二〇位と、神戸は決して珈琲を多く消費する街ではないと言える。しかし、経済産業省の「工業統計調査」の品目別でみた都道府県の出荷額（二〇二〇年）では兵庫県が四六四億六一〇〇万円で全国一位であり、また港湾別の珈琲の輸入金額では神戸港は横浜港に次ぐ二位であるものの、珈琲豆の輸入卸や焙煎、製品化を手がける企業が多く立地しており、すなわち神戸とは珈琲の生産都市であると言えるのであろう。そのような珈琲ゆかりの街として欠かせないのが、幕末の開港都市となり、西洋化の窓口となった港町としての歴史基盤である。

神戸港開港と珈琲

一八五三年のペリー来航に始まる欧米からの開国要求によって、日米をはじめとする修好通商条約が締結され、函館、神奈川、新潟、兵庫、長崎の各都市の開港、そして江戸、大坂の開市が取り決められた。これに伴って各港には条約国の外国人が居住、商業活動するための外国人居留地の造成が求められたが、当初、開港が求められた兵庫においては、京都に近い地理的要因などから開港が遅れ、また居留地建設においても、江戸時代以来の国内流通の拠点であった兵庫津を中心に多くの日本人が居住していたこともあって十分な土地を確保することが難しく、実際の開港地となったのは兵庫の東側の漁村であった神戸村であった。その神戸港に隣接する地域には、イギリス人技師のJ・W・ハートの設計による一二六区画で整理された居留地が築かれた。

そのような外国人が訪れはじめる幕末において、彼らの食生活には欠かせない珈琲の必要性を説き、日本の珈琲輸入のきっかけを与えたと言われるのが、最後の長崎のオランダ商館長として知られるヤン＝ヘンドリック＝ドンケルクルティウスである。彼は日蘭和親条約の締結後、日本との国交をより親密にするため、幕府が要望した蒸気船の寄贈をオランダ国王に上申するなど、日蘭関係の橋渡しをしていた人物であったが、長崎や横浜の開港にあたって備えておくべき必需品を記した貿易急給品を上申し、その上申書の中にあったのが、酪農国オランダの代表的な農産品でもあるバターと植民地ジャワ特産の珈琲であった。[12] 当時の大蔵省の『大日本外国貿易年表』を見てみると、明治十五年の日本の珈琲豆の輸入総量は八万八一〇八斤であったが、そのうち「東印度・暹羅」が六万五六四九斤と約七五パーセントを占めており、明治初期の日本の珈琲輸入においてジャワをはじめとする東南アジアが重要な相手であったことが窺える（図3）。

そのような明治初期において、神戸の市中に珈琲を初めて販売した店として知られるのが元町商店街の放香堂である。同店は天保年間に山城の国の東和束村（現在の京都府相楽郡和束町）で自家農園を創業し、一八五八年には松平家の御用商人にもなっていた老舗日本茶卸売商であるが、開国、明治維新とともに神戸に輸出商館を設けて日本茶の輸出取扱を行い、その傍らで珈琲の輸入も手掛けていたという。『豪商神兵湊の魁』にも描かれているように、神戸の元町通三丁目の店舗には「印度産加琲放香堂」の看板が掲げられているが、一八七八年には讀賣新聞夕刊に珈琲の販売広告も掲載している。広告の見出しには「焦製飲料コフィー　弊店にて御飲用或い粉にて御求共に御自由を」の記載もあり、日本で初めて珈琲を店頭で飲むことができた店として知られている。

同店では二〇一五年に本店に併設した形で珈琲店を開店し、店頭に掲げられた看板には「珈琲」の文字が当時の表記と同じ「加琲」と記され、日本初の珈琲店の歴史を発信している（図4）。店頭には珈琲豆専用の石臼が展示されているが、これはまだ珈琲豆を挽くための機械が日本に伝わっていなかった当時に使用されていたのが抹茶を挽く臼だと伝えられていたことから、再

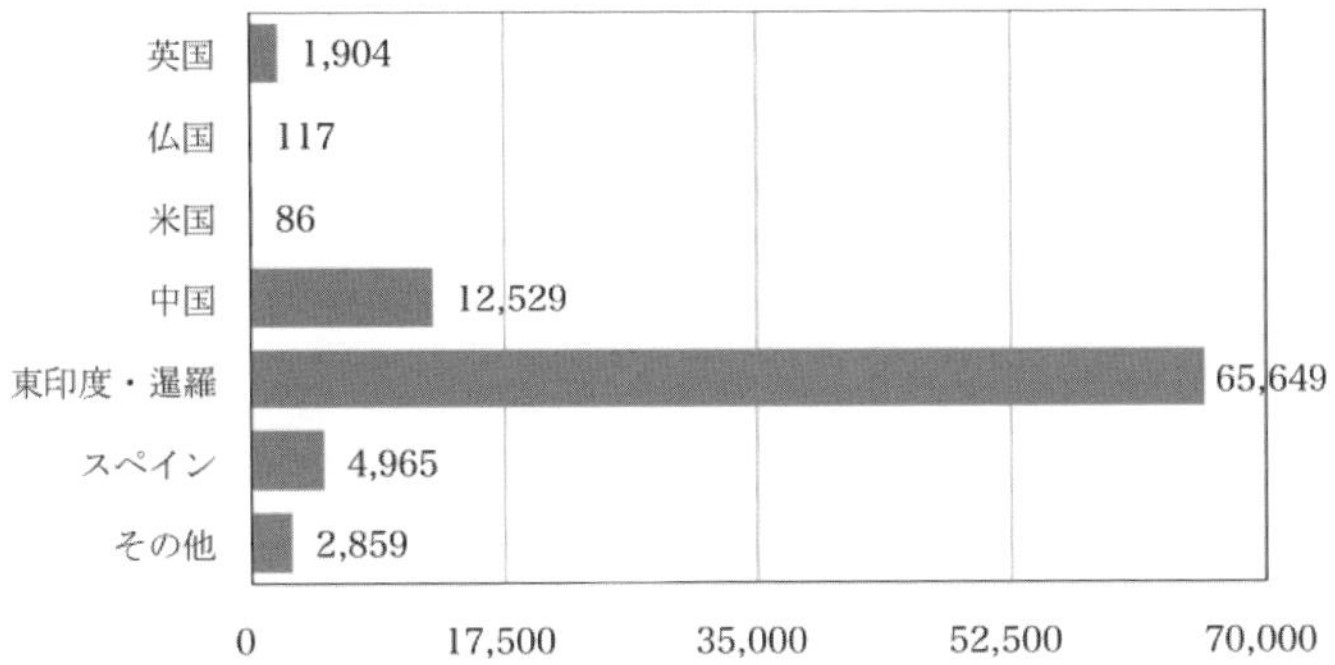

図 3　明治 15 年の日本の珈琲豆輸入相手地域（大蔵省『大日本外国貿易年表』より筆者作成，単位：斤）

図 4　現在の放香堂珈琲（筆者撮影）

図 5　居留地 97 番地に立つ製茶場跡のモニュメント（筆者撮影）

現したものだという。

放香堂が神戸に進出したことが示すように、明治初期の神戸港にとって重要な輸出品であったのが日本茶である。神戸税関によれば、明治元年の神戸港の品目別の輸出金額の一位は茶（一九万一〇〇〇円）であり、その他には生糸、蚕卵紙、玉糸、煎海鼠、米、銅、樟脳、寒天などの農産物や海産物、家内制工業製品といった輸出品が明治初期の神戸港からの輸出を支えていた。

この神戸港からの輸出のための製茶工場の跡と見られるのが、二〇〇九年に発掘調査された旧神戸外国人居留地遺跡である。(13) 旧居留地の東北部、江戸町通りに面した九七番地に位置する三〇六平方メートルの遺構からは煉瓦や瓦、鉄製品などが出土しており、現在その遺跡の跡には煉瓦造りのモニュメントが建てられ、銘板には次のように記されている（**図5**）。

平成二一年度、神戸市役所庁舎の建替え工事に伴い旧居留地内で、初めて発掘調査を行いました。記録によると、ここは明治二十年代には、ヘリヤ商会が所有していました。同社はアメリカ合衆国等へお茶などを輸出していました。出土した遺構は、お茶を輸出するために、再加熱した煉瓦積みのカマドや建物の基礎などで、右図のように復元することができます。また、地層の調査によって、それ以前の江戸時代に、南海もしくは東南海地震による津波が、ここにまで押し寄せていたことも明らかになりました。神戸の災害史と居留地貿易について貴重な発見になりました。

ブラジル移住者の道

先述の通り、現在の日本の最大の珈琲豆の輸入相手国はブラジルであるが、その始まりは大正時代のことである。大正五年の大蔵省『大日本外国貿易年表』によると、ブラジルが八万五八一〇斤と全体の四四パーセントを占めるようになるが（**図6**）、この大きな要因となったのが、

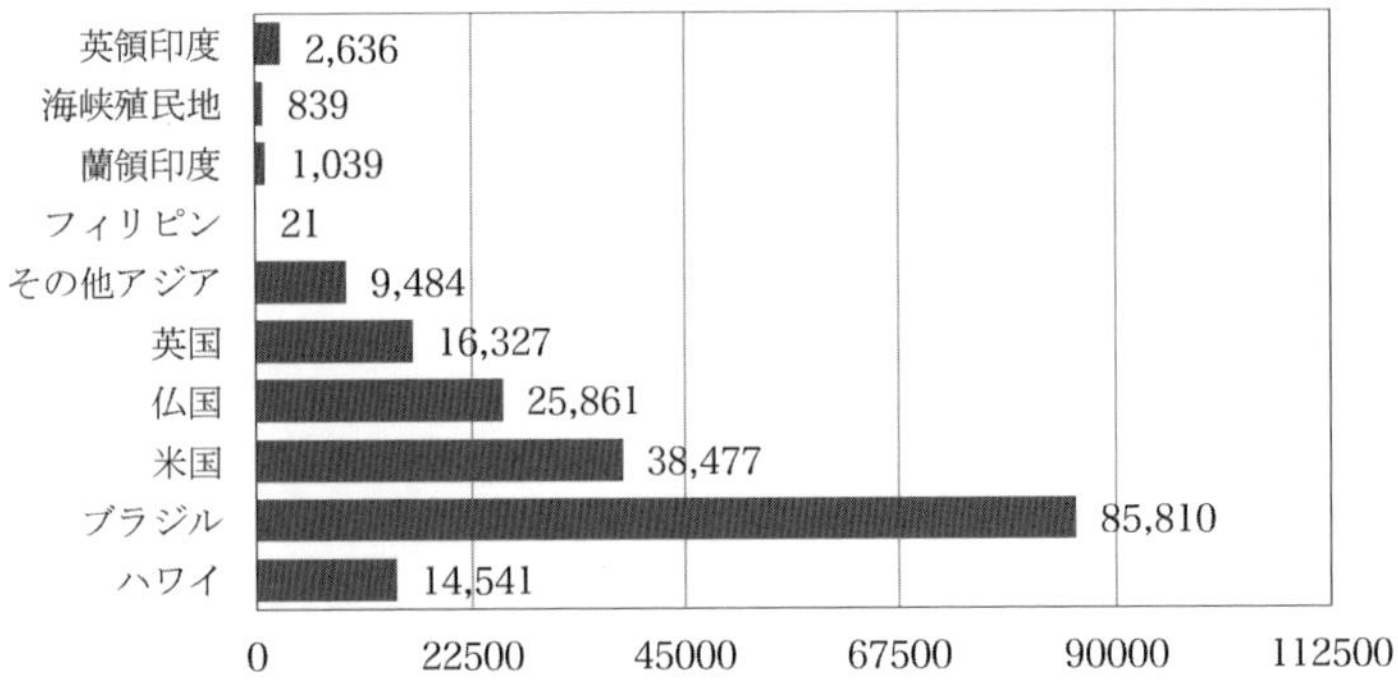

図 6　大正 5 年の日本の珈琲豆輸入相手地域（大蔵省『大日本外国貿易年表』より筆者作成，単位：斤）

一九〇八年の神戸港出航に始まるブラジル移住事業である。

ブラジルでは一八八八年に奴隷が解放され、珈琲農園での労働力の確保が喫緊の課題となり、ヨーロッパ各地をはじめ、世界中からの移住者誘致を積極的に取り組むようになるが、各国からの定着率は悪く、日本が新たな誘致先として注目されはじめることとなる。一八九四年にはサンパウロ州の代理人であったチャーレス・アレキサンダー・カーライルが来日し、移住の誘致が申し入れられたが、当時は日伯間に修好通商条約が締結されていなかったこともあり、実現には至らなかった。その翌年「日伯修好通商航海条約」が締結され、一五〇〇人の移住者を乗せた土佐丸が神戸港から出発する予定となっていたが、これもまた直前になり経済上の理由などから中止となっていた。

図7　ブラジル移民発祥の地碑（筆者撮影）

その後ブラジル移住事業の実現に尽力したのが、皇国殖民会社の水野龍であった。水野は一九〇七年にサンパウロ州の農務長官と交渉にあたり、外務省から募集の許可を得た後、新聞広告等で一〇〇〇人の移住希望者を募る。水野は一九〇八年の初出航までに全国から集まった七八一人を率いて四月二十八日に神戸港から笠戸丸でブラジルに向けて出発し、六月十八日にサントス港に到着した。ブラジルではこの日を「日本人移民の日」、日本では「海外移住の日」として記念している。

しかしながらブラジル移住の当初にあっては、住居や土地が用意されているると伝えられていた彼らの生活は非常に厳しいものであったという。奴隷時代の名残そのままで粗末な住居や監視付きの労働など、待遇への不平や劣悪な生活環境によって移住者が夢見た生活とはかけ離れたものであった。その結果第一回の耕地定着率が悪かったこともあり、皇国殖民会社の事業の前途は厳しいものとなったが、サンパウロ州からの支援も受けながら、移住事業は徐々に軌道に乗り、その後ブラジル移住事業は昭和初期に最盛期を迎え、一九三三年には年間二万三〇〇〇人が海を渡ったのである。(14)

一九七九年には、そのような日本とブラジルの移住の歴史を物語るブラジル移民発祥の地の碑が、神戸市内の山本通地区に建てられた（図7）。石碑には次のように記されている。

ブラジル第一回移住船『笠戸丸』が七八一名の移住者を乗せ、神戸港を出帆したのが、明治四一年四月二十八日（一九〇八年）であり、その後も引つづき、戦前戦後約二五万人の方々が、神戸港からブラジルへ移住されたのを記念して、発祥のこの地に記念碑を建立するものである。この記念碑に使用の石材は、遠くブラジル在住の兵庫県人会の有志から贈られたものである。

さて、移住の最盛期であった昭和初期に移住者とともにブラジルにわたり、帰国後、小説として刊行されたのが石川達三『蒼氓』である。そこには神戸港に向かう人々の歩んだ道が次のように描かれている。

一九三〇年三月八日。神戸港は雨である。細々とけぶる春雨である。海は灰色に霞み、街も朝から夕暮れどきのように暗い。三ノ宮駅から山ノ手に向う赤土の坂道はどろどろのぬかるみである。この道を朝早くから幾台となく自動車が駆け上って行く。それは殆んど絶え間もなく後から後からと続く行列である。この道が丘につき当って行き詰ったところに黄色い無装飾の大きなビルディングが建っている。後に赤松の丘を負い、右手は贅沢な尖塔をもったトア・ホテルに続き、左は黒く汚い細民街に連なるこの丘のうえの是が「国立海外移民収容所」である。(15)

当時の三ノ宮駅は現在の元町駅付近であり、そこから山ノ手に向かう道は鯉川筋として知られる。今は道路となっている坂道であるが、その下を鯉川が流れ、河口の神戸港から山本通までは現在暗渠となっている。かつて鯉川は外国人居留地の西側の境界線として設定されていたが、汚臭を放つことから居留外国人からの苦情もあり、明治八年に暗渠工事が行われた歴史があり、そこから坂道は「デビジョンストリート」とも呼ばれたりもしたが、河口付近にはアメリカ領事館があったことから「メリケンロード」とも呼ばれた。

その鯉川筋の丘に突き当たった場所に建っていた黄色いビルディングが、一九二八年に開所した国立海外移民収容所である。収容所では移住希望者が十日間の滞在中に、健康診断、予防接種、旅券審査を受けたり、ブラジルの言語や風俗などの各種講話によって異国の地を学んだ。戦時中は一時閉鎖されたが、戦後のブラジル移住事業再開とともに、一九五二年には「外務省神戸移住斡旋所」として再開、一九七一年の閉館に至るまで、ブラジル移住者の日本での最後の滞在地としての役割を果たした。

閉館後この建物は一九七二年から一九八三年までは神戸市立高等看護学院として、また一九九四年までは神戸市医師会准看護婦学校として使用され、一九九九年からは神戸市から委託を受けたＮＰＯ法人芸術と計画会議によってアートスペースとして活用されている。館内にはアトリエが設置されたり、展示、コンサートなどの各種イベントの会場として、また財団法人日伯協会が中心となって関西ブラジル人コミュニティの活動拠点にもなっており、二〇〇七年には国、兵庫県、神戸市の協力によって建物の保存・再整備事業が本格化し、二〇〇九年からは海外移住と文化の交流センターとして開館、ブラジル移住と神戸港の歴史等の展示や普及活動を行っている（図８）。日伯協会ではこの海外移住と文化の交流センターからメリケン波止場に続く道を移民の道として、街歩きマップを配布している。

図8　海外移住と文化の交流センター（筆者撮影）

図9　メリケンパークにある神戸港移民船乗船記念碑（筆者撮影）

この移民の道の港側にあたる、現在のメリケンパークに設置されているのが神戸港移民船乗船記念碑である（**図9**）。菊川晋久作の記念碑は三人の家族をモデルとした銅像で、二〇〇一年四月に神戸港移民船乗船記念碑実行委員会によって建立された。「神戸から世界へ、希望の船出」と刻まれた台座には次のように記されている。

この記念碑は、いままさに希望に燃え、世界に旅立とうとする海外移住者の家族像である。子供が指さす彼方は移住する国である。移住者は大きな夢を抱き、一抹の不安も感じながら、『青い鳥』を追って未だ見ぬ大地を目指し、移民船で勇躍出発した。移住者は、多大の苦難を乗り越え、移住した国に根を下ろし、日本の国際化の先陣として、日本の架け橋となり、移住先の国と日本のために大きな貢献を果たした。これら先人がこんにちの世界中で活躍する二五〇〇万人日系人の基礎を築いた（……）。

ブラジル珈琲とカフェーパウリスタ

さて、移住によって新たな輸入相手国となったブラジルからの珈琲を大正時代の日本に普及させたとして知られる喫茶店がカフェーパウリスタである。現在は銀座店を残すのみとなったパウリスタだが、大正時代には全国各地に二〇店舗近く出店していたという(16)。

図10　海外移住と文化の交流センター内に展示されているカフェーパウリスタ甲陽園店の建材の一部（筆者撮影）

第一回のブラジル移住者の到着後、サンパウロ州政府は水野の功績、また日本での珈琲普及と販路拡張を目的として、珈琲豆を無償供与し、その珈琲豆を売り捌くための珈琲店を日本各地に開店する契約（「伯国産珈琲本邦ニ於ケル販路拡張契約ニ関スル件」）を水野と契約する。この契約では東京に八軒、横浜と大阪に各二軒、京都、神戸、長崎に各一軒の出店が求められ、水野はその契約に基づき一九一一年に合資会社カフェーパウリスタを設立した。

カフェーパウリスタについては都心部が営業の中心であったと考

えられてきたが、阪神間でも大阪の箕面店、宝塚新温泉内の宝塚店、そして西宮の甲陽園地区の甲陽園店が営業していたことが知られている。

このうち甲陽園店は同地区で甲陽遊園を開発した本庄京三郎を代表として一九一九年に設立された大阪カフェーパウリスタによって開店した店舗で、甲陽遊園内にあった映画撮影所の関係者などでは有名な存在であったという。その後の営業期間は明らかとなっていないが、喫茶店としての営業終了後も建物は残り、近年まで個人所有の住宅として愛用されてきたが、二〇一六年に解体されることとなり、解体後の建材の一部が海外移住と文化の交流センター内で保存され、展示されている（**図10**）。

おわりに

今回の発表においては、神戸・阪神間に散在する珈琲をめぐる歴史の跡を辿りながら、珈琲ツーリズムの可能性について考えたが、そこに必要な視点は住木（二〇一五）が言うように、それらを結びつけるストーリーの確立である。

先行して阪神間の観光資源となっている日本酒をめぐっても、そのストーリー性の必要性が求められている。世界各国のテロワールツーリズムに見られるワインやウィスキーには醸造所をはじめとする多くの歴史遺産が残っており、周辺の農園などとともに一纏りとなってデスティネーションとなっているが、灘五郷においては、酒蔵のほとんどが一九九五年に発生した阪神淡路大震災などによって失われており、当時を偲ばせるような酒蔵がほぼ現存していない。

そのような中でも日本酒文化を表出するような道具や史跡といった歴史遺産は各地に散在しており、それらを結びつけながら、地域の観光に活かすことが求められている。そのような意味において注目されるのが、文化庁が認定する「日本遺産（Japan Heritage）」である。神戸、阪神間の日本酒文化については、二〇二〇年に「『伊丹諸白』と『灘の生一本』下り酒が生んだ銘醸地、伊丹と灘五郷」として認定されているが、日本遺産の目的として挙げられているのは「地域の歴史的魅力や特色を通じて我が国の文化・伝統を語るストーリーを認定するとともに、ストーリーを語る上で不可欠な魅力ある有形・無形の文化財群を地域が主体となって総合的に整備・活用し、国内外に戦略的に発信することにより、地域の活性化を図る」であり、二〇二三年十月時点で国内一〇四のストーリーが認定され、各地の観光振興への活用が期待されている。

この日本遺産の目的に照らし出せば、本発表で取り上げた珈琲をめぐる歴史資源においても、この地独自のストーリーを語ることが可能であり、珈琲のテロワールとして、現在取り組まれているコーヒーツーリズムに重層的な地域文化を付与することは不可能ではないだろう。

注

（1）全日本のコーヒー協会の資料によれば、二〇二二年の世界の国別珈琲消費量において日本は、アメリカ合衆国（一六〇万四一〇〇トン）、ドイツ（五九万五〇二〇トン）に次ぐ第三位（四三万二一八〇トン）である。

（2）公益財団法人日本交通公社発行『旅行年報二〇二三』（日本交通公社のＨＰでダウンロード可能。https://www.jtb.or.jp/book/annual-report/annual-report-2023/ 二〇二四年一月一〇日閲覧）より。

（3）国土交通観光庁「訪日外国人の消費動向――訪日外国人消費動向調査結果及び分析　二〇二二年年次報告書」（https://www.mlit.go.jp/kankocho/siryou/toukei/content/001609726.pdf 二〇二四年一月一〇日閲覧）より。

（4）安田亘宏『フードツーリズム論――食を活かした観光まちづくり』古今書院、二〇一三年、二七頁。

（5）同上、八六―一二〇頁。

（6）L'Organisation Internationale de la Vigne et du Vin“RESOLUTION OIV/VITI 333/2010”（https://www.oiv.int/public/medias/379/viti-2010-1-en.pdf 二〇二四年三月一〇日閲覧）より。

（7）大日本名所図会刊行会編『大日本名所図会第一輯第六編摂津名所図会』大日本名所図会刊行会、一九一九年、一三九頁。

（8）灘五郷酒造組合栄ＨＰ「ＧＩ灘五郷」（https://www.nadagogo.ne.jp/gi/ 二〇二四年一月二日閲覧）より。

（9）住木俊之「コーヒー・ツーリズムの確立に向けて」『コーヒー文化研究』第二二号、日本コーヒー文化学会、二〇一五年、六三頁。

（10）前掲、住木俊之、二〇一五年、六三頁。

（11）一般社団法人日本スペシャルティコーヒー協会ＨＰ「スペシャルティコーヒーの定義」（https://scaj.org/about/specialty-coffee 二〇二三年一二月十六日閲覧）より。

（12）全日本コーヒー商工組合連合会『日本コーヒー史』、全日本コーヒー商工組合連合会、一九八〇年。

（13）神戸市教育委員会文化財課「旧神戸外国人居留地遺跡発掘調査報告書」二〇一一年。

（14）国際協力事業団「海外移住統計」。

(15) 石川達三『蒼氓』秋田魁新報社、二〇一四年、七頁。
(16) 奥山儀八郎『珈琲遍歴』旭屋出版、一九七四年、二七四—二七五頁。

［全体討議］

珈琲で語り合う人・文化・地域の交流

［司会］ 森元伸枝

［登壇］ 白石斉聖、呉谷充利

細江清司、栄秀文

海老良平、小林宣之

司会　シンポジウム「珈琲で語り合う人・文化・地域の交流」の質疑応答と全体討論をはじめます。まずはパネリストの方から、先ほどの発表の補足をしていただきたいと思います。

細江　みなさん、日本ではコーヒーの木は露地栽培では育たないという話がありますよね。実は、コーヒーは霜にあたると一晩で木が駄目になってしまうんですよ。ブラジルのサンパウロ州とパナマ州というエリアでは、過去、霜による大きな被害がありました。したがって今は、この二つの州では、基本的に大規模なコーヒー農園の展開をやらないようにという指示が州政府から出ているようです。もちろん、小規模ではこだわった品種の生産に取り組むコーヒー農園もありうるんですけど、大規模なコーヒー農園の展開はできないようなのです。それでは、今どこにあるかといいますと、セラードというところです。昔、不毛の地と言われていたんですけど、この地が農耕地として適しているということがわかり、大規模に開発され、今はここを中心にコーヒーの栽培が盛んに行われています。

司会　ありがとうございます。ほかにございませんでしょうか。小林先生はいかがでしょう。

小林　私の場合、話が半分くらいのところで終わってしまいましたので、フランスについての後半部分と、イギリスについて、かいつまんで補足をさせていただきます。

プロコップの話をさせていただいたところで途切れましたけれども、プロコップは非常に成功したカフェだったわけですが、あの後、フランスでは革命が起きました。プロコップもそうだったかもしれませんが、革命派のひとたち、つまりジャコバン派が、カフェにおいて謀議を凝らしたことが知られています。カフェ・ド・フォアという場所があるんですけど、一七八九年七月十二日にカミーユ・デムーランというひとが檄を飛ばし、その二日後の七月十四日にバスチーユ蜂起が起こりますから、フランスの場合、カフェが政治的な活動の大きな中心となったことがわかります。イタリアのカフェ・フローリアンの話はしませんでしたが、政治に関連した話がないことはないものの、それが実際の政治活動と結びついたということはありませんでした。
くわえてフランスの場合、十九世紀美術におけるボヘミアンを無視できません。ドゥ・マゴの話も出ましたけど、「カフェ」ということばで私達がイメージするような芸術家たちが集まるような文化が、この時にできました。
一方でイギリスの場合は、コーヒーハウスが一時期流行しましたが、実はその後、廃れていきます。クラブであるとか、パブと呼ばれる居酒屋のようなものにとってかわられて凋落していくわけです。ただし、ロイズ保険会社が誕生したようなことは、他の都市ではありませんでした。こうした意味で、ヨーロッパのカフェ文化の共通性と異質性を申し上げるつもりでおりました。

司会　ありがとうございます。それでは、会場の皆様からご質問等をお受けしたいと思います。なにかございませんでしょうか。

質問者1　本日は貴重なお話を聞かせていただき、ありがとうございました。大変勉強になりました。ひとつだけ、小さなことですがご質問があります。先日、沖縄に行く機会がありまして、小さな農園を営まれ、そこだけでとれた国産のコーヒーを出すお店に行きました。比較的薄いコーヒーにもかかわらず、すごくおいしかったんですよ。日本の国産というと、沖縄や小笠原ということを聞きますが、十年近く前、ＵＣＣコーヒー博物館の栄さんのところで「オガサワラ」というコーヒーを飲んだことがあるんです。それがまたすごくおいしかったんですよ。立地的に難しいとは思うのですが、国産コーヒーの可能性というものについて、お考えを聞いてみたいです。

栄　どうもありがとうございます。十年前というと、私が館長になる三代くらい前だったと思うんですけども、おそらく、小笠原のコーヒーだと思います、弊社は日本コーヒー文化学会の事務局をやっておりまして、そういうところでコーヒーの可能性を、面白おかしくやってみようという企画があったと記憶しております。

質問者2　我が家はコーヒーが好きで豆を引いてよく飲むんですが、時々思うことがあります。コーヒー豆を焙煎して抽出し、こういうふうに飲む文化を誰が考えたのかとふと思ったりするわけですが、イスラム系の文化圏の方が考えられた飲み方と聞いたことがありますが、発祥について教えていただければうれしいです。もう一つ、例えば、コーヒー豆を焙煎させてかじって食べるとか、コーヒー豆の別の食べ方がこれまでなかったのか、その辺りも教えていただければと思います。今日のお話からは逸れてしまうかもしれませんが、よろしくお願いいたします。

細江　私どもでかつて、コーヒーをテーマに企画展をやったことがありました。パネル（B1サイズ）にして三十数枚の量です。先ほどお話がありましたコーヒーのはじまりから現在に至るまでの流れをまとめました。その中で、コーヒー豆の起源に、薬として用いられていたという話が出てきました。薬以外にも飲み方があるということがわかってきて、「コーヒーに洗礼を施すクレメンス八世」というコメントがあるんですけど、大体これくらいの時期から、焙煎コーヒーっていうものが始まったんじゃないかと思われます。しかし、詳しいところまで調査が行き届いていなかったと反省しており、この点もう少し突っ込んで勉強してみたいと思います。ありがとうございます。

栄　弊社がUCCコーヒーアカデミーという学校をやっておりますので、その中で今の焙煎の起源にまつわるお話をご説明しているのですが、諸説ありまして、その中でもこれかなと思うのが、先ほど細江さんの方からありましたように、コーヒーっていうのは、元々イスラム圏で扱われていたものです。門外不出の秘薬ということで、お坊さんの中で出回っていたようです。ご存知のように、大きな宗教というとイスラム教そしてキリスト教ですが、実は今のクレメンス八世っていうのはキリスト教徒なんですね。イスラム教徒の魅惑的なコーヒーは悪魔の飲み物と見なされていましたが、でも美味しいことはわかっているので、クレメンス八世が洗礼を施してキリスト教徒の皆でも安心して飲めるようにしたという逸話というか、歴史が残っています。

そんな中、イスラム教徒にしてみると、異教徒のキリスト教徒に自分たちの大切なコーヒーを飲まれたくないんですね。実は、コーヒーは、赤いチェリーから、そのまま実を取り出して土に植えておくと生えちゃうんですよ。そうすると、他教徒にも飲まれてしまってどんどん世界に広がってしまうので、保存の意味もあったとは思いますが、生豆に対して火を入れて焙煎することで、撒いても育たないようにしたんではないかというような逸話が、『ALL ABOUT COFFEE』という書籍——コーヒーの「聖書」と言われているのですが——に記載されています。千年近い前の話なので諸説あるということでご理解していただければと思いますが、そんなふうに、私どもの学校では受講生にお話ししております。

呉谷　史実ないし歴史の記録と言えるかは定かではありませんが、イスラムの世界にコーヒーの嗜好品としての起源があるということは、大体認められている通説だと思います。また、コーヒーの木というのは元々アフリカ原産なんですよね。焙煎ということに関しては、次のようなことが考えられるのではないかと思います。

たとえば、我々が山の中を歩いていて、その辺の葉っぱをかじると酸味を感じたり、ハッカのような感じを味わったりするようにして、コーヒーの実をかじって覚醒することが発見された。その性質が、イスラムの神秘主義、眠ることは罪悪だというスーフィズムの教義で利用されたのではないかと思います。コーヒーを飲むと眠気が覚めるということで、今ご解説していただいたようにスーフィズムの「秘薬」として、密かに飲まれていたんですね。

ところが、少しお話しさせていただきましたけれども、トルコのイスタンブールでコーヒーが市井に広がっていきます。イギリス人とフランス人がイスタンブールに旅行をして、ここでコーヒーというものと出会い、国に戻ってコーヒーハウスあるいはカフェというものを開いたということから類推すれば、やはりそれは、焙煎し挽いた、液体としてのコーヒーだったのではないかと思います。

細江　私は先ほど、移住資料館でコーヒーの木を育てているという話をしました。これは建物の中の二階の踊り場、ちょうど窓を通して太陽光を受ける絶好の場所に、三本のコーヒーの木を置いて、完全に室内で育てております。育てはじめてほぼ十年になりますかね。最初のうちはものすごい量のコーヒーの実が取れました。焙煎をして、頻繁に飲んでいましたが、非常に美味しかったことを憶えています。

それと、先ほどの企画展の資料を遡ってみますと、コーヒーの実、周りの赤く熟れた部分を最初は食べていたようです。これが非常に良い効き目があって、眠気も吹っ飛んで人が踊り出すというふうな記録が残っているようです。また、私どもが調べた結果では、焙煎が始まったのは、十三世紀ぐらいだという記録が残っております。

司会　ほかにございませんでしょうか。

質問者3　本題から外れるかもしれないですが、コーヒーの木はどのぐらいまで成長し、どのぐらいの量の豆が取れるのか、成長と生産の関係についてお話を聞かせていただければ幸いです。例えばブドウの木だったら、五十年、六十年生きても、ブドウが取れておいしいワインになるという話を聞いたことがあります。コーヒーの木は大きくなればなるほど、おいしい豆がとれたりするのでしょうか。

栄　ご質問ありがとうございます。コーヒーにもいろいろ種類があるのですが、平均すると、一本の木から、チェリーと言われるあの赤い実は三キロほど取れます。その中に二つの実がはいっているわけですが、それを取ると六分の一、約五〇〇グラムになります。それをさらに焙煎をすると水分がなくなり、四〇〇グラムになります。コーヒー一杯を一〇グラムと換算すると、約四〇杯分がコーヒーの木一本から採れる量になります。

それから、どれだけ育つのかってことなんですけど、これは土地によって違うんですが、弊社の直営農園のハワイですと、かなり成長が早いです。本来だと三年から五年ぐらい経たないと成木にならないんですが、ハワイだと二年ぐらいで成木になります。それから、コーヒーの木は赤い実がなったところには、もう二度と実はつきません。そういう性質なので、カットバックという作業をします。ガサっと切っちゃうんですよ。そうすると、そこから新しい「芽」が生えてきます。この作業を繰り返していくんですが、一番古いもので、四十年もののコーヒーの木を見たことがあります。もちろん、収穫量はだんだん減っていきますけど、取れないことはないというふうに聞いています。

質問者3　そういう古い木はやや味が落ちるんですか？

栄　味についてはいろいろあって、もちろん、木自体の持っている力もあるのですが、昨今は、チェリーを乾燥させて中身を取り出したり、水洗式と言って洗って取り出したり、精製方法によって味が変わります。ほかにも、乾燥の仕方や焙煎の仕方で、さまざまに変化します。

細かい話になりますが、先ほどのスペシャルティコーヒーの世界ですと、その豆を精製するとき、全く酸素に触れさせないようにしたり、納豆菌を入れたりとか、いろんなものを入れて酵母で発酵させたりとか、あらゆることをやっています。ですから、海老先生がおっしゃったようなテロワールとは別の次元で、コーヒーの味を作る動きを実は各農園がやっていて、それによって味の特徴がボンと出て品質コンテストに優勝したりすると、取引価格が数倍になってしまうような世界になっています。ワインの世界とよく似ておりますので、味と一口に言っても、いろいろな取り組みをしている最中です。

質問者3　ワインみたいに木そのものの性質もあるけど、作り手の創意工夫や技術が、価値に大きく影響しているんですね。

栄　そうですね。もちろん、海老さんがおっしゃるように、まずはテロワールというか、ワインと一緒でその土地固有の味があります。さらに、生産地や農園の中にも区画がたくさんあり、ここは非常にユニークな味のコーヒーが取れるというようなことがあります。そういった要因に加えて、精製や乾燥の仕方を変えたりすることで、星の数ほど味が変わるというような時代に入ってきています。それがフォースウェーブかフィフスウェーブか、どうなるかわかりませんけど、そういう世界に入ってきています。

司会　皆様、ほかにございますでしょうか？　私の方からちょっとお伺いしたいんですけど、コーヒーの豆をどうぶつが食べて、出てきたものがおいしいと聞きますが……(笑)。

栄　今のお話はコピ・ルアク、ジャコウネコが食べた熟したコーヒー豆のことです。汚い話ではありますが、中の種が糞と一緒に出てきます。ただこれはですね、動物愛護協会からもかなりきついお叱りを受けているようで、強制的に食べさせたり、動物愛護の精神に反しているんじゃないかっていうことがあります。というのも、どう考えてもジャコウネコが食べた量よりも流通している量のほうが多いんですね。コピ・ルアクだということで販売する悪い方もいらっしゃいましてね。いろいろなことが言われているコーヒーでもあります。ジャコウネコ以外でも、インドでもゾウが食べた豆が知られています。

しかし、結局は熟したコーヒー・チェリーを動物が食べて、中の豆が出てきているということが重要です。熟した豆のほうが美味しいと言われているじゃないですか。品質コンテストでもそうですが、農家の方って、生産性のことを考えて何でもいいからチェリーを摘んじゃうんです。そうするとやはり味が良くないです。当たり前ですけど、適度に熟した実だけを摘んで豆を取ることによって、美味しいコーヒーになるという単純なことを現地の方ときちんとご相談することで、スペシャルティコーヒーと言われるものになっていく、というような話もあります。答えになっておりますでしょうか。

司会　ありがとうございます。その赤い実のところはじっさいに美味しいのですか？

細江　決しておいしいものではなかったです（笑）。

司会　そうなんですね。ありがとうございます。動物は好むけれど人間にとってはおいしくない、と。

細江　そうですね。私の味覚にはあわなかったです（笑）。

栄　チェリーというと、さくらんぼをイメージするかもしれませんが、そこまで糖度がなく、決しておいしいものではありません。

細江　先ほどご質問の中で、コーヒーの木の実の数の話がありましたが、日本で見ることができる雪柳という木がありますよね。真っ白の花が根っこから端までつくものです。これと同じイメージで、コーヒーの花は木の全体に無数に花をつけるので、一本の木からはものすごい数の実がとれるんじゃないかと思いますね。

司会　木の高さはだいたいどのくらいのものなんですか？　かなり高くなるんでしょうか？

栄　これも種類によるんですけど、元々アフリカのエチオピで原産にされていたのが、フォレストコーヒーと言われておりまして、一〇メートル前後まで育つものもあります。ただ、そうすると収穫が大変で生産性が悪くなりますから、人間の背丈から二メートル前後くらいに剪定をして、人間の手で簡単に収穫できるようにします。ただしブラジルなんかだと大きな機械で収穫しますから。もっと背が高いです。ブラジルみたいな平坦な土地がある国ばかりではないので、山の斜面になっていってそれを手で取るようなところだったり、その国々の環境や収穫に適したかたちで剪定がされています。

私もコロンビアとかグアテマラで収穫体験をしましたけど、半端じゃなく大変でした。一時間汗水たらして摘んできても、日本円にして三〇〇円ぐらいでしか引き取ってくれないくらい生産性の悪いものでした。美味しいコーヒーをコンビニで一二〇円で飲めるというあのクオリティを味わえるのは日本人だけだということを、皆さん誇りに思った方がいいと思います。

質問者3　すみません、もう一ついいですか。阪神間にはコーヒーの歴史があるということが知られています。そこにスイーツの歴史も関係していると思うのですが、それはやはり、コーヒーとの組み合わせにより発展したのでしょうか。あるいは栄養学的に、クリームなどとのいい相乗効果があるのかといった、理論的・歴史的な側面はあるのでしょうか。それは日本だけではなくフランスにも言えることかもしれないですが、コーヒーとのマッチングについてコメントがありましたら、お願いします。

海老　本件は森元先生にお話しいただいた方がいいと思うので、先生お願いします。

司会　森元です。以前、神戸・阪神間の洋菓子職人さんから聞いたことを少し話したいと思います。神戸・阪神間の洋菓子の味は「コクはあってもしつこい甘さにならないようにすること」を多くの職人さんが心掛けているそうです。だから「水を飲むくらいがちょうど本当の洋菓子のおいしさがわかる」「コーヒーや紅茶でもストロングなものは差し控えた方がいい」とおっしゃっていました。最近流行っているスペシャルティコーヒーという薄めの珈琲が阪神間で受け入れられているのはそうした要因とマッチしているのかもしれません。

歴史的に阪神間で洋菓子や珈琲が受け入れられるようになるのは、大正から昭和の初めにかけた阪神間モダニズムが栄えた時代になります。この時期、女性が社会的地位向上を目指して活動する新聞記事が掲載されています。先日、海老先生が教えてくれたのですが、当時銀座パウリスタには婦人専用客室があり、女性解放運動の平塚らいてうや彼女の「青鞜社」のメンバーがよく利用していたそうです。ですので、甲陽園パウリスタもそうした女性が利用していたかもしれませんねと話してくれました。

甘い洋菓子と強さをイメージする珈琲はそうした意味で当時の歴史にマッチし、そうした贅沢品・嗜好品を口にすることができていたのはこの阪神間の住民であったことから、いろいろな意味で相乗効果があったのではないかと思います。

そろそろ時間となりましたので、それではおひとりずつ、今日のコメントをお願いします。

白石　本日は長いあいだお疲れ様でした。コメントと言われて困りますが、こういう機会がございましたらまたぜひ参加したいと思います。ありがとうございました。

小林　冒頭で申しましたけども、本日はきちんとお話しができるかどうか危うい状態でした。私もまったく発言はしませんでしたけども、参考文献表をリストにしてお渡ししましたね。このお話をいただいたときに、手に入れられる本をすべて手に入れて読んでから、お話ししようと思ったんですけど、それはどう考えても無理でした。今日質問に出たようなことも、一冊一冊本を読んでいくと、似たようなことが書いてありますし、矛盾するようなことも書いてあって、いろいろ思考を刺激されました。私もコーヒー文化について、あるいはカフェ文化について専門にする気はないんですけれども、なかなか楽しい経験でした。皆様にお配りしたリストのなかには、先ほど話題にあがった『ALL ABOUT COFFEE』も入っています。本当によくできたもので、全訳ではなくて抄訳ではあるんですけれども。ぜひおすすめしたい一冊です。本日はありがとうございました。

呉谷　今日はコーヒーについてのご企画をしていただきまして、感謝申し上げます。私自身のテーマでもありましたので、誠にありがたく思っております。最後にですね、お菓子の話で一言申し訳ないんですけど、お菓子つきのコーヒーというのは、お茶と似ているんですね。フランスとかパリでは、ふつうのコーヒーではなくエスプレッソです。いわゆる砂糖なしで、ふらふらとなるくらい刺激が強いです。だから、砂糖をどばっと入れないと飲めないのですが、砂糖を入れるとお菓子の必要がなくなります。日本ではそれほど砂糖をいれませんので、お茶のように、お菓子とセットで飲まれるのかもしれませんね。

細江　今日はみなさんのお話をお聞きして、私自身も知らなかったことがたくさんでした。本当に勉強になりました。私が所属しております日伯協会は、一九二六年に発足いたしました。あと三年の二〇二六年にちょうど一〇〇年を迎えます。最初は日本とブラジルの友好親善と経済交流の促進を目的として発足した組織なんですけど、最近では、約三五社の法人会員と、二〇〇人近い個人会員で構成されております。毎年、会員を対象としたいろんな行事をやっております。日本とブラジルの関係をよくするために頑張っていきたいと思っておりますので、よろしくお願いします。今日はどうもありがとうございました。

栄　本日は「珈琲で語り合う人・文化・地域の交流」シンポジウムにお呼びいただき、本当にありがとうございました。コーヒーはですね、ただ飲むだけのものではなくて、人と人とを結びつけるコミュニケーションツールだと思っています。この日、この時間にお集まりいただいて、こういった交流を持てたというのも何かの縁だと思います。ぜひまた皆さんとお会いして、将来のコーヒーについて語り合いたいなと思いますので、また皆さんとお会いできる機会を楽しみにしております。本日はどうもありがとうございました。

海老　本日は先生方ありがとうございました。コーヒーについて語り合うという非常に難しいテーマでお話ししていただくことになったと反省しております。栄学長がおっしゃったように、これを機に、この縁を大切に、またコーヒーについて語り合っていきたいと思います。それから会場のみなさま、長い時間ありがとうございました。みなさまに来ていただいてはじめてシンポジウムが成り立ちます。大学としてもこれから地域の方や市民の方と交流うな場を設けていこうと思いますので、大手前大学へのご支援をよろしくお願いします。最後になりましたが、司会の森元先生、ありがとうございました。みなさまのご健勝とご多幸をお祈りします。

あとがき

大きな声では言えないが、私の研究室はときどきコーヒーブレイクの「場」（＝喫茶室）になる。珈琲や紅茶などを飲みながら、他愛のない話から、授業や学生、自分の研究活動や興味関心まで、その時々の話に花が咲く。

コロナ禍のある日、珈琲好きで今回のシンポジウムの企画者でもある海老先生が「COFFEE GATE NISHINOMIYA って知っていますか」という話をしてくれた。西宮の商工会議所、観光協会を中心として「スペシャルティコーヒー」を扱う店舗（企業）が連携して各店舗や百貨店で珈琲の販売イベントを開催していたのである。「スペシャルティコーヒーって何？・」「なぜ西宮で珈琲？　珈琲は神戸じゃない？・」「どうしてこのコロナ禍でそんなコーヒーを扱う店舗が増えている?」

「喫茶室」のメンバーはコーヒー好きで、好奇心旺盛である。西宮はもちろん神戸をはじめ自分たち地元のお気に入りの自家焙煎珈琲を持ち寄っては飲み比べをしながら、店舗情報(どういう歴史や文化のある地域で、誰が顧客でどんな店舗デザインなのかなど)や珈琲を扱っている店舗のオーナーの珈琲への熱い思いをシェアし合った。店舗関係者だけでない。珈琲にこだわっている人や珈琲を通じて夢の実現を行おうとしている人もいる。そういう人たちに刺激を受けて、自分たちも一層の興味がわき、さらには自らの研究分野(それは農業から地理や歴史、経済に文化、抽出や淹れ方、ビジネスに観光……)につながり、話題が尽きない。

このような情報を自分たちだけでとどめておくのはもったいない、もっとみんなに知ってもらいたい。それには、学内の教職員、学生だけでなく地域住民が集える「地域に開かれた知のサロン」、珈琲を通して地域との交流を生み抱いていく「文化」拠点となる「阪神間珈琲文化研究サロン」をつくる必要がある。阪神間地域を中心に珈琲を扱う企業や商工会議所、観光協会と連携し、地域の資産(地域文化や地域産業など)の再確認、ならびに新たな発掘を行い、地域に関わる全ての人たちとともに「付加価値のある地域」のデザインを目指す、そういうプラットフォームをつくりたいという考えに至った。

今回のシンポジウムは、その「地域に開かれた知のサロン」の第一歩であった。

珈琲あるいはカフェは、現代社会の都市化の中で失われつつある人々の社交の場として重要な役割を果たすものであり、地域の結びつきを見つめ直す上でも、単なる消費財以上の意味がある。また、歴史的に見れば、阪神間は大正時代に阪神間モダニズムが花開いた地域であり、珈琲文化を語ることのできる素地は、長年にわたりこの地に蓄積された文化的土壌にあると言えよう。その歴史において重要な起点となったのが神戸である。明治開港以降の異文化移入の窓口となった神戸港から珈琲豆が輸入され、また、現代において最大の輸入先であるブラジルとの一〇〇年にわたる移民と日伯関係にとって重要な街でもある。珈琲はローカル、グローバルの両側面において人的、地域間交流の仲介を果たす貴重な文化的商品とも言える。

本書より、阪神間における「珈琲・喫茶（カフェ）文化」がいかに華やかに力強く構築されてきたのか、そしてかつてない変化の激しい不安定なこの時代において、歴史から得た教訓を生かしながら「たおやか」に成長し続けているのかを珈琲を飲みながら楽しんでもらえれば幸いである。

最後に、本シンポジウムの開催および書籍の発刊に関してお世話になった方がたに心から御礼を申し上げる。快くシンポジウムのご登壇と本書へのご寄稿をいただいた執筆者の方がた、編集作業でご尽力をいただいた水声社の廣瀬覚氏、ご支援くださっていた交流文化研究所所員の皆様、そして本企画の進行を温かく見守ってくださっていた交流文化研究所所長の石毛弓先生に心からの感謝の意を表する。

森元伸枝

編者／執筆者について――

海老良平（えびりょうへい）　一九七二年生まれ。大手前大学現代社会学部観光・地域マネジメント専攻准教授。博士（経済学）。専攻、観光学。主な著書に、『入門観光学［改訂版］』（共著、ミネルヴァ書房、二〇二四年）、『一九二三――関東大震災と阪神間』（編著、神戸新聞総合出版センター、二〇二三年）などがある。

＊

石毛弓（いしげゆみ）　一九七〇年生まれ。大手前大学現代社会学部教授。博士（哲学）。専攻、西洋哲学。主な著書に、『マンガがひもとく未来と環境』（清水弘文堂、二〇一一年）などがある。

白石斉聖（しらいしなおまさ）　一九六四年生まれ。大手前大学健康栄養学部教授。博士（農学）。専攻、食品学。主な論文に、「ホウレンソウカルスの硝酸イオン濃度推定のためのハイパースペクトルイメージングシステムの開発」（『植物環境工学』二四巻二号、二〇一二年）などがある。

呉谷充利（くれたにみつとし）　一九四九年生まれ。相愛大学名誉教授。博士（工学）。建築史家。主な著書に、『町人都市の誕生――いきとすい、あるいは知』（中央公論美術出版、二〇二二年）などがある。

細江清司（ほそえきよし）　一九四二年生まれ。一般財団法人日伯協会理事。一般財団法人日伯協会事務局長を十三年間務め、神戸市立海外移住と文化の交流センター移住ミュージアムの運営に従事。

栄秀文（さかえひでふみ）　一九六一年生まれ。甲南大学卒業。UCCジャパン株式会社UCCコーヒーアカデミー学長、UCCコーヒー博物館館長。

小林宣之（こばやしのぶゆき）　一九五三年生まれ。大手前大学建築&芸術学部教授。専攻、フランス文学。主な著書に、『エクリチュールの冒険――新編・フランス文学史』（共著、大阪大学出版会、二〇〇三年）などがある。

森元伸枝（もりもとのぶえ）　一九六四年生まれ。大手前大学国際日本学部准教授。修士（経営学）。専攻、地域産業、産業集積研究。主な著書に、『洋菓子の経営学――「神戸スウィーツ」に学ぶ地場産業育成の戦略』（プレジデント社、二〇〇九年）などがある。

装幀——宗利淳一

大手前大学比較文化研究叢書19

コーヒー・カフェ文化と阪神間

二〇二四年三月一五日第一版第一刷印刷　二〇二四年三月二九日第一版第一刷発行

編者——海老良平

執筆者——石毛弓＋白石斉聖＋呉谷充利＋細江清司＋
栄秀文＋小林宣之＋森元伸枝

発行者——鈴木宏

発行所——株式会社水声社
東京都文京区小石川二—七—五　郵便番号一一二—〇〇〇二
電話〇三—三八一八—六〇四〇　FAX〇三—三八一八—二四三七
［編集部］横浜市港北区新吉田東一—七七—一七　郵便番号二二三—〇〇五八
電話〇四五—七一七—五三五六　FAX〇四五—七一七—五三五七
郵便振替〇〇一八〇—四—六五四一〇〇
URL : http://www.suiseisha.net

印刷・製本——精興社

ISBN978-4-8010-0802-1
乱丁・落丁本はお取り替えいたします。